CONTENU

Apprendre l'apiculture pour les débutants - De l'apiculture au miel

Comment apprendre facilement les bases de l'apiculture, élever des abeilles et produire votre propre miel en un rien de temps

Sabine Graß

Introduction

Bonjour, ami de la nature !

Qu'est-ce qui vous attire dans l'apiculture ? Est-ce la perspective de produire votre propre miel et d'avoir ce délicieux produit naturel frais chaque matin sur la table du petit-déjeuner ? Ou est-ce la fascination pour l'organisme "abeille", qui est un chef-d'œuvre de l'évolution ? C'est peut-être un mélange des deux.

Si vous tenez ce livre entre vos mains, c'est que vous avez un voyage passionnant devant vous ! Peut-être que les premières abeilles bourdonnent déjà dans votre jardin et qu'elles s'envolent de la ruche pour récolter du miel en abondance. Ou peut-être envisagez-vous d'acquérir une colonie.

Ce livre vous fournit de solides connaissances de base sur l'apiculture et ses tâches, sur l'extraction et le traitement du miel et, bien sûr, sur l'abeille.

Qu'est-ce que l'abeille, quelles sont les structures sociales d'une colonie d'abeilles et comment pouvez-vous, en tant qu'être humain, intervenir dans ces structures pour obtenir une récolte de miel abondante ? Vous pourrez certainement répondre à toutes ces questions et à bien d'autres encore à la fin de ce livre.

Abeilles pour débutants

Lorsque vous aurez ce livre entre les mains, vous aurez déjà franchi la première étape vers une carrière d'apiculteur réussie. Dans ce premier chapitre, vous apprendrez tout ce que vous devez savoir sur l'apiculture avant d'acquérir votre propre colonie. Tout d'abord, l'abeille et les particularités de cette espèce sont présentées. Ensuite, il explique les compétences et les qualités qu'un apiculteur doit posséder et apprendre, et enfin, il présente l'équipement que vous devez vous procurer. Ce chapitre vous fournit donc toutes sortes de connaissances théoriques et d'informations de base sur les abeilles, l'apiculture, la santé des abeilles et l'importance de l'abeille pour un environnement sain.

L'ABEILLE

A ce jour, plus de 500 espèces d'abeilles sont connues et considérées comme indigènes rien qu'en Allemagne. L'abeille mellifère n'est qu'une parmi tant d'autres, mais c'est elle qui nous fournit le si délicieux miel. Ce chapitre est entièrement consacré à l'abeille domestique. Vous apprendrez ce qui distingue l'abeille mellifère des autres espèces d'abeilles, ce qui la rend si spéciale et pourquoi elle est si importante pour l'apiculture.

L'abeille d'un point de vue zoologique

La zoologie est l'étude du règne animal et, dans le cadre de cette étude, tous les êtres vivants animaux qui se promènent sur la terre sont classés dans un système. Il existe par exemple différentes classes, comme les insectes, les mammifères, les poissons et les reptiles. L'abeille fait partie de la classe des insectes. Au sein de cette classe, l'abeille mellifère appartient à l'ordre des hyménoptères (Hymenoptera). Les abeilles forment plusieurs familles au sein de cet ordre, dont la famille des abeilles vraies (Apidae), à laquelle appartient également l'abeille mellifère, dont le nom latin est *Apis mellifera*. Au total, il existe environ 12.000 familles d'abeilles différentes dans le monde.

Ce qui distingue le plus l'abeille mellifère *Apis mellifera* des autres familles d'abeilles, c'est l'hivernage commun en tant que colonie. Cela n'existe que chez les abeilles mellifères, du moins parmi les familles d'abeilles indigènes en Allemagne. Les abeilles se rassemblent donc en une seule colonie qui, pendant l'été, constitue une réserve de miel qui leur permet de passer l'hiver en bonne santé et bien nourrie, ainsi que leur reine.

BIOLOGIE DE L'ABEILLE MELLIFÈRE

Pour bien comprendre l'abeille et répondre à ses besoins, il est utile de commencer par s'intéresser aux réalités de cet animal et de le connaître un peu mieux. Dans ce sous-chapitre, nous aborderons la biologie de l'abeille mellifère. Vous découvrirez les particularités anatomiques et physiologiques qui caractérisent l'abeille et comment les différentes abeilles d'une ruche communiquent entre elles.

Liens de parenté

La principale différence entre l'abeille mellifère *Apis mellifera* et les autres espèces d'abeilles réside dans leur mode de vie et dans le fait qu'elles passent l'hiver ensemble dans une ruche. D'un point de vue purement physique, les espèces d'abeilles ne diffèrent que très peu les unes des autres. Elles descendent donc toutes d'une "abeille originelle".

Les abeilles appartiennent à l'embranchement des arthropodes. En tant que telles, elles ont des pattes qui sont divisées en différents segments. Les autres arthropodes sont par exemple les scorpions, les araignées et les crustacés. En outre, le corps de l'abeille mellifère présente deux rétrécissements distincts. Il en résulte une division en trois parties du corps de l'insecte adulte (également appelé imago) : la tête, le thorax et l'abdomen. Ces étranglements caractérisent l'abeille comme appartenant à la classe des insectes. Au sein de cette classe, les abeilles appartiennent aux hyménoptères. Cette catégorie comprend les abeilles, les fourmis, les guêpes et d'autres insectes aux ailes translucides. Ces ailes translucides, dont tous les hyménoptères possèdent deux paires, sont la caractéristique de cet ordre.

L'ordre des hyménoptères peut être divisé en guêpes végétales et en guêpes de la taille. Les abeilles font partie de ce dernier groupe. Au sein du groupe des guêpes taillées, l'abeille mellifère peut être classée parmi les hémiptères et forme ici sa propre superfamille Apoidea. Au sein des Apoidea se développent plusieurs genres, dont le genre *Apis mellifera*.

Mimétisme des syrphes

Les abeilles sont considérées comme utiles et dangereuses à la fois, car leur dard sécrète un venin qui, s'il n'est pas mortel pour la plupart des mammifères, est généralement perçu comme au moins très douloureux. Certains autres insectes profitent de ce respect sain en se conformant à l'apparence des insectes les plus dangereux. Ce phénomène est appelé mimétisme et le meilleur exemple est celui de la mouche volante. Celle-ci présente un abdomen rayé jaune-brun ou jaune-noir et imite ainsi l'abeille. Ne vous laissez pas tromper par cela. La mouche volante est inoffensive - et inutile pour la production de miel.

Taille de guêpe

Les abeilles appartiennent à la famille des guêpes de taille et se caractérisent par un rétrécissement marqué entre le thorax et l'abdomen, la taille. C'est de là qu'est né le terme de taille de guêpe, utilisé aujourd'hui pour décrire les formes corporelles, généralement féminines.

Les guêpes de la taille présentent une autre particularité : elles ont toutes un dard. On peut distinguer deux types d'utilisation de ce dard. Les oisillons de ponte (Terebrantia) utilisent leur dard pour pondre des œufs, tandis que les oisillons de piqûre (Aculeata), dont l'abeille mellifère fait partie, ont transformé leur dard en un aiguillon défensif avec une glande à venin. C'est également la raison pour laquelle seules les femelles possèdent un aiguillon - car il s'est développé à partir du tube de ponte utilisé à l'origine pour pondre les œufs. D'autres représentants de la famille des insectes piqueurs sont les guêpes, les guêpes dorées et les guêpes fouisseuses, ainsi que les fourmis. Les guêpes fouisseuses et les guêpes des chemins utilisent encore aujourd'hui leur dard pour étourdir leurs proies et les transporter ensuite dans leur nid pour nourrir leurs larves.

L'abeille domestique et d'autres espèces d'insectes ne l'utilisent que pour se défendre, d'où son nom d'aiguillon de défense. Le venin injecté par la piqûre est conçu pour provoquer une douleur chez l'agresseur, de sorte que le projet de nuire aux abeilles est rapidement abandonné.

Apiformes - les abeilles

Nous en arrivons à nos abeilles mellifères actuelles ! Les abeilles ne sont pas les seules à appartenir à la famille des apiformes, les bourdons en font également partie. Il existe des abeilles solitaires, c'est-à-dire qui vivent seules, et des espèces qui forment des états. L'abeille mellifère est la seule espèce d'abeille allemande qui passe l'hiver en tant que colonie. La plupart des espèces sont toutefois des abeilles dites solitaires, qui vivent entièrement seules et approvisionnent également leur nid à couvain de manière autonome. Il existe aussi, comme dans le royaume des oiseaux, des abeilles coucous. Comme leur nom l'indique, il s'agit d'espèces d'abeilles qui déposent leurs œufs dans le nid d'autrui afin d'y être nourries. Certaines abeilles coucou mangent même les œufs et les larves de l'abeille hôte, de sorte que cette dernière ne s'occupe que des larves d'abeilles coucou.

Les apiformes ne se nourrissent que de végétaux, à savoir de pollen, de nectar et de miellat. Le pollen, également appelé pollen de fleurs, est produit par la plante pour la reproduction sexuée. Les abeilles utilisent le pollen comme source de nourriture riche en protéines. La structure de la surface du pollen varie en fonction de l'espèce végétale et il est donc possible d'analyser le pollen dans le miel et de l'attribuer précisément à différentes familles de plantes, genres et même espèces individuelles. L'enseignement de cette analyse du miel s'appelle *la mélis-sopalynologie.*

Le nectar est produit par les plantes pour attirer les

insectes qui se chargent ensuite de disperser le pollen. Les abeilles utilisent ce nectar pour produire le miel de fleurs classique. Le nectar est en fait un liquide sucré sécrété par des glandes spéciales, les nectaires. La quantité de nectar par fleur varie parfois considérablement en fonction des conditions climatiques, du temps qu'il fait et de l'heure de la journée.

Enfin, les abeilles se nourrissent également de miellat. Le miellat est sécrété par de petits insectes qui sucent les plantes. Il s'agit principalement de pucerons, de poux d'écorce et de cicadelles. Le miellat est principalement composé de sucre, c'est pourquoi il est parfois appelé "miel de feuilles". Le miellat donne naissance au miel de miellat, également appelé miel de forêt. Le nectar et le miellat sont stockés dans ce que l'on appelle une alvéole. Il s'agit d'une structure en forme de goitre située sur la trompe. Ces deux substances sont collectées exclusivement par les femelles et utilisées pour nourrir les larves. Le pollen est transporté de différentes manières et, en conséquence, les abeilles peuvent être divisées en plusieurs espèces. Il y a les butineuses de paniers, dont font partie les bourdons et les abeilles mellifères. Celles-ci collectent le pollen dans une poche située sur les pattes arrière. Les butineuses à pattes ne possèdent pas de telles poches, mais fixent le pollen sur les crêtes de poils des pattes arrière.

Les représentants de cette espèce sont par exemple les abeilles à fourrure, les abeilles à longues cornes, les abeilles à sabots et les abeilles à cuisses et à culottes.

L'espèce suivante est appelée butineuse ventrale. Elles ont sur l'abdomen une poche comparable à celle des butineuses de paniers, dans laquelle elles peuvent ranger le pollen en toute sécurité. Il s'agit par exemple des abeilles coupeuses de feuilles et des abeilles à mortier. Enfin, il y a les abeilles à jabot, qui ne transportent pas le pollen à l'extérieur, mais le stockent à l'intérieur dans un jabot. Les butineuses de goitre sont des abeilles exclusivement solitaires, comme les espèces indigènes d'abeilles à soie et d'abeilles masquées.

Les abeilles mellifères

Parmi les abeilles mellifères, il n'y a pas que l'espèce *Apis mellifera*, l'abeille mellifère occidentale. Au lieu de cela, 9 espèces d'abeilles mellifères sont connues dans le monde. L'abeille mellifère occidentale est la seule espèce d'abeille mellifère indigène en Europe, et c'est aussi l'espèce la plus importante pour l'apiculture. L'abeille mellifère occidentale est originaire d'Europe, d'Afrique et du Proche-Orient, mais elle a été propagée par l'homme dans le monde entier. Ce n'est qu'en Asie que l'abeille mellifère orientale (*Apis cerana*), originaire de cette région, est également utilisée pour l'apiculture.

L'abeille mellifère occidentale peut être divisée en plusieurs sous-espèces, qui ont été influencées par l'homme par le biais de la sélection. Ainsi, environ 25 races différentes ont été créées, dont **quatre sont** principalement utilisées en Allemagne **pour l'apiculture** :

• **Carnica** : abeille de Carinthie ; *Apis mellifera carnica*

- **Ligustica** : abeille italienne ; *Apis mellifera ligustica*

- **Mellifera** : abeille noire européenne ; *Apis mellifera mellifera*

- **Buckfast** : hybride d'élevage de différentes races

> **Conseil** : Si vous souhaitez acquérir votre première colonie d'abeilles, choisissez une colonie originaire de la même région que celle dans laquelle vous souhaitez l'élever. L'accouplement de différentes colonies d'abeilles proches les unes des autres donne naissance, au fil du temps, à une "race" spécifique, appelée race locale. Celle-ci est parfaitement adaptée au climat et aux conditions locales de son pays d'origine et forme généralement des colonies plus stables et plus saines.

ANATOMIE - LA STRUCTURE DU CORPS DE L'ABEILLE MELLIFÈRE

Le poids d'une seule abeille mellifère est d'à peine 0,1 gramme. Son anatomie, sa structure corporelle, est extrêmement fine et légère, ce qui lui permet de se maintenir en l'air sans grand effort. En même temps, elle est stable et robuste pour pouvoir transporter une charge utile équivalente à 50 % de son propre poids. Une abeille peut transporter jusqu'à 0,05 g de nectar et parcourir plusieurs kilomètres pour revenir à la ruche.

C'est une véritable prouesse que l'abeille est capable de réaliser grâce à son anatomie particulière. En tant qu'insecte, l'abeille possède les constrictions classiques et la division du corps en trois parties : la tête (lat. Caput), le thorax (lat. Thorax) et l'abdomen (lat. Abdomen).

Anatomie externe : enveloppe corporelle, ailes et pattes

Une abeille est confrontée à plusieurs problèmes au cours de sa vie : Elle doit voler tout en étant suffisamment légère pour supporter un poids de transport en plus de son propre poids. Elle doit être agile pour se déplacer dans une ruche étroite. Elle doit également être capable d'escalader des terrains accidentés et des falaises verticales, dans ce cas, généralement des rayons de miel.

Les pattes de l'abeille, ainsi que les ailes, sont fixées au centre de gravité pour une meilleure aérodynamique. L'enveloppe corporelle est formée par un exosquelette. Cette enveloppe extérieure stabilise le corps de l'insecte et lui donne sa forme. Un peu comme le fait le squelette des mammifères, mais à l'extérieur. Les muscles et les organes sont tous situés à l'intérieur de cet exosquelette. Pour être particulièrement légère et donc capable de voler, la structure est constituée d'un assemblage de fibres de chitine et de protéines structurelles. La stabilité de l'enveloppe de chitine est due à sa structure : elle se présente sous forme de nervures et de plis, ce qui la rend résistante et dure, tout en étant particulièrement légère. La chitine est un polysaccharide, un sucre multiple, naturellement présent chez les champignons, les animaux articulés comme les insectes et les mollusques, ainsi que chez certaines espèces de poissons. On peut la comparer à la cellulose, qui confère une certaine stabilité aux plantes. Ainsi, la chitine donne lieu à une stabilité similaire. Celle-ci est même nettement plus élevée que celle de la cellulose grâce à un groupe acétamide contenant de l'azote.

L'abeille mellifère possède six pattes, toutes équipées de petites griffes à leur extrémité. La multitude de pattes et les barbillons permettent aux abeilles de traverser les terrains les plus difficiles de manière sûre et efficace.

Abeille

Le terme d'abeille désigne différentes abeilles mellifères, qui se distinguent les unes des autres par leur anatomie. Dans une ruche d'abeilles mellifères occidentales, il y en a trois : les faux-bourdons avec leurs yeux particulièrement grands, la reine, qui se distingue par un abdomen nettement plus long, et les ouvrières.

Les ouvrières, prototypes des abeilles, sont dotées d'un équipement universel. Elles constituent la plus grande partie de la population d'abeilles d'une colonie et sont toutes des femelles, mais avec un appareil génital inactif. C'est la plus grande différence entre une ouvrière et une reine.

L'anatomie extérieure de la reine ressemble beaucoup à celle d'une ouvrière et ne se distingue que par ses ovaires actifs et ses glandes odorantes spéciales. Lorsqu'elle est fécondée et que la production d'œufs commence, l'abdomen de la reine se gonfle considérablement et elle peut être facilement distinguée des ouvrières, même de l'extérieur. Les glandes odorantes de la reine sécrètent des phéromones spéciales qui sont importantes pour la colonie. Elles renforcent la cohésion et offrent une base de coordination pour tous les travaux de la ruche. Les phéromones sont des substances odorantes et attractives particulières et servent à la communication générale et spécifique. Ainsi, certaines phéromones de la reine peuvent influencer le comportement des abeilles. La reine utilise ses phéromones comme outil pour diriger sa colonie.

Le faux-bourdon est l'abeille mâle. Son seul rôle est de féconder la reine et de contribuer ainsi à la survie de la colonie. Il n'a pas de dard et ses ailes sont plus grandes que celles des ouvrières, ce qui lui permet de voler plus vite et de suivre la reine. Pour l'accouplement pendant le vol nuptial, il possède des coussinets de poils spéciaux sur les pattes arrière qui lui permettent d'immobiliser la reine en vol. Pour être particulièrement sensibles aux phéromones de la reine, les antennes des faux bourdons sont plus longues et dotées de plus de cellules sensorielles que celles des ouvrières. Et la caractéristique la plus frappante est sans doute les grands yeux du faux bourdon, qui s'accompagnent d'une excellente vision, permettant au faux bourdon de percevoir la reine des abeilles sans aucun doute, même à grande distance, et de poursuivre son travail.

Le caput de l'abeille - tête

La première partie du corps tripartite est la tête. C'est le centre de contrôle supérieur et le siège de la plupart des organes sensoriels. Les insectes ne possèdent pas de cerveau comme celui des mammifères et des humains. Au lieu de cela, la tête abrite plusieurs gros ganglions nerveux qui, ensemble, ont la fonction d'un cerveau. Les voies nerveuses sortantes et entrantes permettent à l'abeille de savoir exactement ce qui se passe dans son corps et de contrôler consciemment tous les mouvements musculaires.

Sur le côté de la tête se trouvent deux grands yeux complexes. Chacun d'entre eux est composé de plusieurs milliers d'yeux individuels (appelés ommatidies), ce qui permet à l'abeille d'avoir une vision complexe des formes et des mouvements. Chaque ommatidie est composée d'une lentille et de cellules sensorielles, c'est donc un œil minuscule qui fonctionne parfaitement seul. Les yeux sont immobiles, ne perçoivent qu'une petite partie de l'environnement et envoient les informations au centre ganglionnaire, où les informations de toutes les ommatidies sont assemblées. Ainsi, de nombreuses images individuelles forment une grille représentant l'environnement. Avec les yeux complexes, les abeilles peuvent très bien percevoir les mouvements et même en vol rapide, l'environnement est représenté de manière nette, mais avec une certaine perte de détails. Les détails ne peuvent être représentés par les yeux complexes que s'ils se trouvent à proximité immédiate.

Trois yeux individuels, appelés ocelles, sont situés sur le front. Les ocelles ne sont visibles qu'en observant l'abeille de très près, leur diamètre n'est que de quelques millimètres. Ils ne sont donc même pas de la taille d'une tête d'épingle et sont en outre à moitié cachés par les soies de la tête de l'abeille. Les ocelles contiennent chacun plusieurs centaines de cellules photoréceptrices. Grâce aux grandes lentilles, même les plus petites quantités de lumière sont concentrées, ce qui souligne l'objectif des ocelles en tant qu'organe de perception de la lumière. Grâce à leurs ocelles, les abeilles disposent d'une horloge interne particulièrement fiable.

Les antennes sont également situées sur le côté de la tête. Les profanes aiment les appeler antennes, mais le terme antennes est anatomiquement correct. Les antennes permettent aux abeilles de sentir, de toucher et de percevoir les vibrations autour d'elles. Les antennes sont constituées de courts segments, au nombre de 10. Chaque segment est constitué d'un court tube dont la paroi est très fine et recouverte de chitine. A l'intérieur se trouvent d'innombrables cellules nerveuses pour la perception sensorielle. De plus, à l'intérieur des segments se trouvent des vaisseaux contenant l'hémolymphe, le sang des insectes, ainsi que de petites trachées appartenant au système trachéal, qui fait partie de l'appareil respiratoire des insectes.

En plus des cellules sensorielles et des fosses sensorielles réparties sur les antennes, on trouve également de petites soies tactiles pour percevoir les stimuli environnementaux et communiquer entre elles. Les abeilles peuvent déplacer activement les antennes indépendamment les unes des autres et ainsi les utiliser de manière universelle. Elles sont également importantes pour l'échange social. Ici, les abeilles nourricières palpent le corps de la reine et, lors du nourrissage social, les ouvrières restent en contact par le biais des antennes. Si ce contact est rompu, le nourrissage social prend également fin.

Les faux bourdons présentent une particularité au niveau de leurs antennes. Ils possèdent une antenne de plus que les ouvrières et la reine. Les antennes des faux bourdons sont composées de onze éléments chacune. Ainsi, les faux bourdons sont particulièrement bien équipés pour détecter la phéromone de la reine. Une autre caractéristique distinctive est que les antennes des faux bourdons mâles sont dépourvues de soies tactiles.

L'abeille n'a pas de bouche comme les mammifères. A la place, elle possède une trompe qui lui permet d'absorber le nectar, le miellat et l'eau. Le miellat n'est pas directement aspiré, mais tamponné. Pour ce faire, l'abeille utilise l'extrémité de sa trompe, appelée petite cuillère. La trompe est une autre caractéristique qui distingue la reine de l'ouvrière, cette dernière ayant une trompe plus longue pour atteindre le nectar qui se trouve tout au fond de la fleur. Les abeilles sont capables de goûter parfaitement avec leur trompe, qui contient de nombreuses cellules sensorielles chimiques. Le proboscis participe également au nourrissage social (trophallaxie). Dans ce cas, il reçoit la goutte de nourriture présentée par l'ouvrière entre ses mâchoires. En plus de la trompe, elle possède deux mâchoires, les mandibules. Elles lui permettent de prélever des éléments solides de sa nourriture - le pollen. Les mandibules servent également à former la cire pour la construction des rayons et à nettoyer les cellules de couvain.

L'abeille possède plusieurs glandes sur sa tête, qui agissent soit de manière exocrine, soit de manière endocrine. Les glandes exocrines libèrent des sécrétions vers l'extérieur. La glande salivaire, les glandes mandibulaires et les glandes à suc gastrique sont des glandes exocrines de l'abeille. Les glandes endocrines libèrent leurs sécrétions vers l'intérieur, dans le parcours de l'hémolymphe. L'abeille possède ici deux glandes hormonales, appelées *Corpora cardiaca* et *Corpora allata*.

L'hémolymphe est un liquide qui correspond grossièrement au sang qui circule dans les veines des mammifères et des oiseaux. Sa fonction est de transporter les nutriments, les hormones et les produits de dégradation. Une différence majeure par rapport au sang est que l'hémolymphe ne transporte pratiquement pas d'oxygène, c'est pourquoi elle ne nécessite pas de colorant sanguin. La distribution de l'oxygène se fait plutôt par le système trachéal.

Le thorax de l'abeille mellifère - Poitrine

Il s'agit du deuxième segment du corps de l'insecte. Chez l'abeille, c'est le segment qui possède la plus grande masse musculaire. C'est là que se trouvent les muscles du vol, qui occupent la plus grande place dans le thorax. Les muscles du vol sont des muscles indirects - ils ne sont pas directement reliés aux ailes. Entre les deux se trouve la carapace de chitine, l'exosquelette. Les muscles s'attachent à l'intérieur de l'exosquelette et le déforment pour que les ailes se déplacent vers l'extérieur. Les ailes sont articulées à l'exosquelette, ce qui crée un effet de levier qui renforce les mouvements musculaires, car les petits mouvements de l'exosquelette du thorax se traduisent par de grands mouvements des ailes.

Les abeilles possèdent deux paires de muscles du vol. Les muscles dorso-ventraux vont du côté dorsal (le côté dorsal du thorax de l'abeille) au côté ventral (le côté abdominal du thorax de l'abeille) et, lorsqu'ils se contractent, provoquent une légère contraction du thorax. Cela se traduit par un battement des ailes.

Il existe également une paire de muscles longitudinaux qui s'étendent dans le sens de la longueur du thorax, d'avant en arrière. Lorsque ces muscles se contractent, le diamètre transversal du thorax se rétrécit et s'arrondit légèrement. Cela se traduit par un battement des ailes.

L'articulation des ailes avec le thorax permet à l'abeille de les plaquer contre le corps. Lorsqu'elles sont attachées, une contraction des muscles dorsoventraux et longitudinaux ne se traduit pas par un battement d'ailes. Mais comme le mouvement musculaire produit toujours de la chaleur, les abeilles peuvent produire de la chaleur dans la ruche par des mouvements actifs de leurs muscles de vol, sans devoir réellement voler. Ce type de régulation thermique dans la ruche est utilisé de manière ciblée par les abeilles pendant les mois d'hiver et au printemps, lorsque le couvain commence.

En tant qu'hyménoptère, l'abeille possède deux paires d'ailes, l'aile avant et l'aile arrière. En vol, elle peut toutefois les relier par une sorte de velcro, de sorte que les deux ailes agissent de manière aérodynamique comme une seule aile. L'abeille peut volontairement rompre ce lien, par exemple lorsque les ailes sont attachées au corps sans être utilisées, et aussi pour manœuvrer plus précisément lors de l'entrée dans la ruche ou de l'approche d'une fleur. Les ailes sont conçues de manière particulièrement légère. Les ailes sont maintenues stables grâce à des nervures de chitine entre lesquelles s'étend la peau de chitine délicate et translucide. Dans le cocon, les ailes sont repliées. Immédiatement après l'éclosion, elles se déploient et les nervures de chitine se remplissent d'air. Peu après, les nervures se raidissent, ce qui confère aux ailes leur stabilité.

Le motif des nervures et des nœuds sur la surface de l'aile permet de distinguer différentes races d'abeilles. Les nervures divisent les ailes en cellules individuelles, que l'on peut distinguer en cellules radiales, cellules cubitales et cellules discales. Les abeilles mellifères ont trois cellules cubitales, dont le rapport de longueur permet de calculer l'indice cubital. C'est cet indice qui varie selon les races d'abeilles.

Les pattes de l'abeille mellifère sont constituées de trois paires - comme les paires de pattes de tous les insectes adultes. Comme chaque paire de pattes couvre des tâches spécifiques, elles se distinguent généralement par de petites caractéristiques anatomiques. Outre la locomotion, les pattes servent également aux abeilles à grimper. Pour s'agripper aux surfaces lisses, les abeilles ont de petites pattes adhésives sur chaque membre de la griffe. En principe, les pattes sont organisées en différents segments : Coxa (hanche), trochanter (anneau fémoral), fémur (cuisse), tibia (attelle), tarse (pied). Le tarse est lui-même composé de plusieurs membres. Chez l'abeille, la patte d'accrochage est appelée prétarsus.

Les pattes avant, la première paire de pattes, sont également utilisées pour le nettoyage, et les abeilles constructrices en particulier s'en servent très régulièrement pour construire les alvéoles. Elles s'en servent pour faire passer de petites boules de cire de l'abdomen vers l'avant, jusqu'aux mandibules. Pour le nettoyage, il y a des créneaux de nettoyage sur le talon et une épine spéciale sur le tibia (attelle). Cette disposition crée une petite ouverture qui permet de retirer les corps étrangers des antennes. Il s'agit particulièrement souvent de petits grains de pollen qui collent les cellules sensorielles de l'antenne.

Les pattes arrière, la troisième paire de pattes, sont particulièrement adaptées à la distinction entre les ouvrières, les faux bourdons et la reine, car elles présentent des caractéristiques anatomiques particulières en fonction de la tâche à accomplir. Les ouvrières ont sur cette paire de pattes leurs poches de collecte du pollen, également appelées culottes. Le faux-bourdon possède des poils spéciaux sur ses pattes arrière qui lui permettent de s'accrocher à la reine en vol afin de pouvoir effectuer l'accouplement sans être dérangé.

L'abdomen de l'abeille mellifère - Abdomen

De l'extérieur, l'abdomen est peu visible. Il est jaune-brun et porte, du moins chez les abeilles femelles, l'épine de défense. A l'intérieur, il abrite la plupart des organes internes des abeilles. En conséquence, de petites ouvertures, appelées stigmates, se trouvent sur l'abdomen de l'abeille. Le système respiratoire possède des ouvertures dans l'abdomen, tout comme l'anus, les organes sexuels et des glandes spécifiques.

L'exosquelette de l'abdomen a une structure segmentaire, les différentes plaques de chitine étant reliées entre elles par des muscles. Cela rend l'abdomen particulièrement mobile et élastique. L'abeille peut ainsi courber son abdomen dans toutes les directions, notamment pour pouvoir placer son dard de défense exactement là où elle en a besoin. Les ouvrières et la reine possèdent six segments abdominaux, les faux bourdons en ont sept. Chaque segment est composé d'une plaque dorsale (tergite) et d'une plaque ventrale (sternite). Elles sont reliées par les membranes des flancs (peau intersegmentaire). Chaque segment est relié aux autres par des membranes intersegmentaires. Ces intercalaires élastiques entre les plaques dures de chitine sont nécessaires pour permettre à l'abdomen de s'étendre sur sa circonférence.

Les muscles de l'abdomen sont utilisés pour le contracter et le relâcher de manière rythmique et pour effectuer un mouvement de pompage. Ce mouvement de pompage est important pour la respiration, car le système trachéal ne peut que transporter passivement l'air, mais ne l'aspire pas activement comme le font les poumons d'un mammifère. Le remplissage et le vidage de la vésicule mellifère se font également par le biais des contractions. La vésicule mellifère sert à stocker le nectar et le miellat. C'est là que commence déjà la maturation du miel. L'ouvrière butineuse en libère une partie dans la ruche, une autre partie est utilisée pour sa propre alimentation et une troisième partie est utilisée pour le nourrissage social (trophallaxie). Toutes les abeilles de la ruche ont une alvéole remplie à peu près de la même manière. Non seulement le niveau de remplissage de la vésicule peut varier, mais la taille du corps gras - un organe comparable au foie - peut également varier. C'est pourquoi l'élasticité de l'abdomen est particulièrement importante. Le corps gras stocke les glucides et peut fabriquer des graisses à partir de sucre si nécessaire. Il fournit également les éléments dont les abeilles ont besoin pour fabriquer la cire d'abeille. Chez la reine, le volume de l'abdomen double, car les ovaires gonflent pour faire face à la production massive d'œufs.

Sur la face inférieure de l'abdomen, du côté des plaques sternales, se trouvent les glandes cirières. Elles ne sont pas visibles lorsqu'elles sont inactives. Elles deviennent actives chez les abeilles constructrices. Ici, l'emplacement des glandes est très facile à comprendre. Les glandes, au nombre de huit, sont situées par paires sur la face externe du troisième au sixième segment. Les glandes se terminent par des miroirs de cire. Ce sont des surfaces lisses disposées par paires. Sur ces surfaces, les gouttelettes de cire sécrétées durcissent pour former des plaquettes de cire. Celle-ci est poussée vers l'arrière. Ce processus est appelé "transpiration de la cire". La plaque de cire terminée est alors avancée jusqu'à la première paire de pattes et malaxée par les mandibules jusqu'à ce qu'elle ait la consistance souhaitée pour être incorporée dans de nouveaux rayons, parois ou couvercles de cellules.

L'aiguillon de l'abeille est sans doute la partie du corps que tout le monde, apiculteur ou non, connaît. L'aiguillon est situé à l'extrémité postérieure de l'abdomen et se compose d'une vésicule à venin, des muscles de l'aiguillon, de deux glandes et de l'aiguillon lui-même. En raison de la présence de petits barbillons sur l'aiguillon, celui-ci reste planté dans la peau de l'homme ou de l'animal après une piqûre. L'ensemble de l'appareil venimeux est arraché, l'ampoule à venin reste sur le dard et peut se vider complètement dans l'agresseur. Un appareil venimeux arraché signifie une mort certaine pour l'abeille. Cela n'arrive généralement que lorsque des mammifères ont été piqués, car ils ont une peau épaisse dans laquelle les barbillons restent coincés. Si l'abeille touche un autre insecte avec son dard, les barbillons ne s'accrochent pas et l'abeille continue à vivre par la suite.

La production de venin commence dès le troisième jour de vie et atteint son apogée vers le 15e jour de vie. La vésicule à venin contient alors 0,1 mg de venin. C'est à ce moment que l'abeille ouvrière devient une gardienne. Une fois que la poche de venin est vide, elle ne se remplit pas à nouveau. Comme le dard a évolué à partir de la ponte, seules les femelles en possèdent un.

Enfin, la glande de Nassanoff doit être brièvement expliquée. Il s'agit d'une glande à phéromones utilisée par des abeilles spéciales. Les abeilles traceuses indiquent aux autres abeilles le chemin vers de nouvelles sources de butinage ou une nouvelle ruche. La phéromone est libérée et diffusée par le biais de la stridulation. Pour ce faire, l'abeille traceuse se place devant le trou de vol, soulève son abdomen et retire les deux dernières écailles dorsales (tergite). Le canal de sortie de la glande de Nassanoff est ainsi exposé. L'abeille traceuse bat alors violemment des ailes et l'odeur spécifique de sa propre colonie se mélange à la phéromone de la glande de Nassanoff. Il en résulte un cocktail d'odeurs spécifiques à la colonie que les abeilles peuvent suivre.

PHYSIOLOGIE DE L'ABEILLE MELLIFÈRE

La physiologie est l'étude des processus dans les organes du corps jusqu'aux processus dans les cellules individuelles. Elle englobe donc tout ce qui se passe à l'intérieur du corps. Les différentes boucles de régulation et les systèmes d'organes travaillent en étroite collaboration pour maintenir l'homéostasie. L'homéostasie est l'équilibre qui règne dans le corps. Si cet équilibre se rompt, l'organisme tombe malade et peut même mourir si les mécanismes de régulation du corps ne parviennent pas à corriger le déséquilibre. Le système nerveux, le système hormonal, le système digestif avec ses organes internes et les phéromones externes, sécrétées par exemple par la reine ou d'autres abeilles de la ruche, jouent un rôle important dans l'homéostasie interne de l'abeille.

Prise alimentaire et digestion

Tout comme l'homme, l'abeille a besoin de nutriments essentiels que son organisme ne peut pas produire lui-même. Elle doit donc trouver ces minéraux et ces vitamines dans son alimentation. Seuls les aliments végétariens entrent en ligne de compte pour l'alimentation de nos abeilles mellifères. Elles récoltent du nectar, du miellat et du pollen. Tout comme les humains, les abeilles ont besoin de glucides, de lipides et de protéines pour leur métabolisme énergétique et la construction de leur propre corps. Le pollen est la source de protéines par excellence, tandis que le nectar et le miellat contiennent principalement des sucres, c'est-à-dire des glucides. Selon l'espèce végétale, le pollen contient environ 20 % de protéines, composées d'acides aminés individuels, et les grosses macromolécules de protéines sont décomposées par la digestion des abeilles en ces mêmes mono-molécules d'acides aminés individuelles. L'abeille utilise ensuite les acides aminés libérés à d'autres endroits.

L'abeille n'a besoin que de quantités négligeables de graisses, qui sont également fournies par le pollen. Le nectar et le miellat ne contiennent pas de graisses, mais ce n'est pas un problème pour l'abeille, car elle peut synthétiser elle-même les graisses dans son corps gras. Pour ce faire, elle utilise les glucides, qui peuvent être transformés en acides gras dans le corps gras en passant par plusieurs étapes intermédiaires. Ces derniers sont stockés dans le corps sous forme de graisse de réserve et peuvent être transformés en énergie lorsque le besoin s'en fait sentir.

Outre les glucides, les lipides et les protéines, les minéraux et les vitamines sont également des substances vitales pour l'abeille. Elle les absorbe dans le nectar et le miellat, qui contiennent des sels et des oligo-éléments. Le pollen contient des vitamines, des acides gras essentiels et d'autres éléments nutritifs et oligo-éléments. En outre, le pollen contient certaines substances végétales secondaires dont la plante a besoin pour elle-même. Ces substances végétales secondaires sont très utilisées en médecine naturelle chez l'homme pour obtenir différents effets, tels que l'anti-inflammation, la désintoxication et la protection contre les radicaux libres. Le processus de digestion du nectar et du miellat collectés commence déjà dans la trompe de l'abeille et dans le jabot, où le tout est stocké pour le vol de retour. C'est là que les enzymes digestives de la salive de l'abeille se joignent au mélange de nectar et de miellat et commencent à décomposer les hydrates de carbone. Dans le nectar et le miellat, les glucides se présentent généralement sous la forme de di-sucres (disaccharides). Un sucre double est composé de deux sucres simples qui sont biochimiquement liés l'un à l'autre. Le travail des enzymes digestives consiste à rompre cette liaison biochimique. Les sucres simples, appelés monosaccharides, le glucose et le fructose, sont alors produits. La digestion des protéines ne commence que dans l'intestin moyen de l'abeille. C'est là que le pollen est mélangé à des enzymes conçues pour décomposer les protéines.

Purement végétarien ?

Les abeilles se nourrissent presque exclusivement de produits végétaux, c'est-à-dire des excréments des pucerons, le miellat. Cependant, il arrive régulièrement que les larves dans les cellules de couvain tombent malades et meurent. Ces larves mortes ne sont généralement pas jetées hors de la ruche, sauf si un grand nombre d'entre elles meurent en même temps.

La bulle de miel

Vous avez déjà entendu parler du jabot que les abeilles utilisent pour stocker temporairement le nectar et le miellat. Ce jabot porte le nom techniquement correct de "vésicule mellifère". En tant qu'extension de l'œsophage, la vésicule mellifère est située à l'extrémité de l'abdomen de l'abeille. C'est là que le nectar et le miellat sont conservés et mélangés aux enzymes digestives des glandes nourricières (glandes hypopharyngiennes), de sorte que la prédigestion des sucres et le processus de maturation en miel peuvent déjà commencer ici. Les glandes hypopharyngiennes sont situées par paires dans la tête des ouvrières, elles sont à peine développées chez la reine et les faux bourdons. Leur activité atteint son apogée pendant la période où elles sont abeilles nourricières. Ce n'est que pendant cette période que les abeilles produisent des sécrétions de très haute qualité pour nourrir le couvain et la reine (la gelée royale).

La bulle de miel contient environ 0,05 à 0,06 millilitre, ce qui correspond à environ 50 % du poids de l'abeille mellifère. Ce sont donc de véritables porteurs de charge. De retour à la ruche, l'abeille décide de ce qu'il adviendra du contenu de sa poche à miel. Elle peut le digérer elle-même (en partie) et l'utiliser comme source de nourriture. Pour ce faire, elle ouvre une valve à l'arrière de la vésicule, appelée proventriculus, qui relie la vésicule à l'intestin moyen. Mais le plus souvent, elle pompe le contenu directement dans une cellule de miel afin de constituer une réserve de nourriture. La troisième possibilité est d'utiliser le jus pour le nourrissage social (trophallaxie).

Le système hormonal

La principale composante du système hormonal est constituée par les glandes endocrines de l'abeille, qui sécrètent les hormones à l'intérieur du corps et assurent ainsi leur distribution dans tout l'organisme de l'abeille. Cela se fait par la libération des hormones dans l'hémolymphe. Les hormones sont considérées comme des messagers et transmettent différents processus au sein de leur propre corps.

Les glandes hormonales les plus importantes de

l'abeille sont les corpora cardiaca et les corpora allata. La corpuscule cardiaque est située juste derrière le cerveau et peut y stocker des hormones synthétisées et produire ses propres hormones. Les hormones de cette glande ont pour fonction de stimuler d'autres glandes hormonales et de réguler la mue. La reine possède des corpora cardiaca plus développés que le faux-bourdon et l'ouvrière.

Les corpora allata sont une série de petites glandes situées sur le côté de l'œsophage, dont la fonction est de produire des hormones pour le développement général et larvaire jusqu'à la métamorphose. Chez la reine, elles prennent en charge la production des hormones sexuelles, assurent la production du vitellus et la maturation des œufs dans les ovaires.

Glandes exocrines - glandes à venin, glandes à parfum et glandes à cire

Outre les glandes cirières, les glandes à venin et la glande à phéromone (glande de Nassanoff) décrites précédemment, il existe deux glandes exocrines, c'est-à-dire qui libèrent leur messager vers l'extérieur, qui sont particulièrement importantes chez la reine.

Il s'agit de la glande tergite, qui produit des phéromones spécifiques à la reine, et des glandes mandibulaires, qui mélangent la substance de la reine. Il s'agit d'un mélange d'environ 30 substances différentes. Les abeilles nourricières absorbent la sécrétion lorsqu'elles s'occupent de la reine, ce qui provoque le rétrécissement de leurs propres ovaires. Cela permet de garantir que la reine reste le chef incontesté de la colonie d'abeilles.

Hormones et phéromones - un système strictement coordonné

La ruche est composée d'une grande colonie d'abeilles, d'ouvrières de tous âges et de toutes tâches, de faux-bourdons et d'une reine. L'ensemble est appelé l'abeille. Cette abeille doit fonctionner parfaitement pour assurer sa propre survie. Pour que chaque abeille sache exactement ce qu'elle doit faire, les hormones et les phéromones sont indispensables et offrent un excellent moyen de communication, unique à ce jour dans le règne animal.

Outre les hormones qui agissent à l'intérieur et les phéromones qui agissent à l'extérieur, il y a aussi ce que l'on appelle les kairomones. Il s'agit également de messagers émis par les abeilles, mais qui sont perçus par d'autres espèces. Un exemple frappant est l'acarien Varroa, un parasite de l'apiculture. Les acariens Varroa peuvent percevoir les kairomones et en déduire quelles cellules de couvain sont sur le point d'être operculées et dans quelle cellule de couvain se trouve le couvain de faux-bourdon.

les fientes et l'urine des abeilles

Les abeilles n'ont pas de reins qui, comme chez les mammifères, filtrent le sang et éliminent les déchets métaboliques. A la place, les abeilles ont des vaisseaux malpigiens. Ce sont des tubes qui débouchent dans le rectum et dans lesquels les produits finaux du métabolisme sont transportés activement. Le plus important est l'urée. L'urée est produite lors de la détoxication de l'ammoniaque, qui est produite par le métabolisme des protéines dans chaque organisme. L'urée non dissoute est ensuite éliminée avec les excréments, en même temps que les restes de pollen non digestibles.

Le corps gras

Comme vous avez pu le lire plus haut dans le chapitre consacré à l'anatomie, le corps gras a une fonction comparable à celle du foie des mammifères. Il s'agit d'un organe métabolique central de tous les insectes, qui sert à stocker les nutriments. Le corps gras peut ainsi décomposer des substances et utiliser les composants pour synthétiser d'autres substances.

Situé dans l'abdomen, cet organe est composé de plusieurs lobes et est baigné d'hémolymphe tout autour. Les lobes augmentent la surface métaboliquement active de l'organe, ce qui accroît son efficacité. Un corps adipeux important signifie que la nourriture est abondante. Un corps adipeux petit et étroit signifie que l'abeille puise dans ses propres réserves corporelles. Le stockage des nutriments a lieu principalement en automne. Ceux-ci sont consommés au printemps, au début de la saison de reproduction.

Le corps gras stocke le glycogène, un sucre multiple, donc un glucide, ainsi que les graisses et les protéines. La larve puise également dans ces réserves pendant la métamorphose, car aucune alimentation extérieure n'est possible à ce stade.

Une autre tâche importante du corps gras est la production de graisses pour son propre approvisionnement. Les graisses ne sont présentes qu'à l'état de traces dans l'alimentation de l'abeille, de sorte que les précurseurs similaires aux graisses nécessaires à la fabrication de la cire d'abeille doivent être produits par l'abeille elle-même. Pour ce faire, le corps gras produit des acides gras à partir d'hydrates de carbone et les combine ensuite avec des alcools pour former des esters. Les abeilles constructrices, en particulier, ont donc un corps gras très actif, car elles sont occupées à construire 24 heures sur 24 d'avril à juillet. Pendant cette période, la nourriture est généralement abondante, ce qui permet d'apporter facilement le sucre nécessaire sous forme de nectar et de miellat.

Le système trachéal pour la respiration

Les abeilles ne possèdent pas de poumons, et les autres insectes ne possèdent pas non plus ce système d'échange d'air des mammifères. L'oxygène n'est pas non plus transporté dans le sang lié à l'hémoglobine, mais est totalement indépendant du "système sanguin" des abeilles - l'hémolymphe.

Au lieu de cela, les insectes possèdent ce que l'on appelle un système de trachées pour leur respiration. Il s'agit de tubes renforcés par de la chitine, qui se ramifient dans tout le corps et se terminent en aveugle dans les tissus. Les quatre orifices respiratoires, les stigmates, sont situés à droite et à gauche dans les tergites (plaques dorsales) du thorax et de l'abdomen. Les stigmates passent par une petite nasse dans une courte trachée, qui se termine ensuite dans l'abdomen par une poche d'air. Cela signifie que dans l'abdomen, à droite et à gauche, se trouve une poche d'air à partir de laquelle le système trachéal se ramifie dans les tissus.

Les organes sensoriels de l'abeille mellifère

Les sens de l'abeille fonctionnent en partie de manière totalement différente de ce que vous connaissez de vous-même. Les abeilles perçoivent de nombreuses impressions de manière plus sélective, mais d'autant plus clairement, de sorte qu'il en résulte une image particulière.

Les abeilles possèdent un odorat exceptionnel, elles sont de véritables spécialistes des odeurs et peuvent détecter la moindre quantité de phéromones de leur propre colonie et de parfums de fleurs et les enregistrer dans leur mémoire olfactive. Les abeilles s'orientent et communiquent entre elles grâce à ces odeurs. Les cellules sensorielles (les cellules réceptrices) et les fosses sensorielles nécessaires à cet effet se trouvent en grand nombre autour de la bouche, sur les antennes et sur les pieds. Chaque cellule réceptrice est spécialisée dans la perception d'une substance spécifique.

Les antennes mobiles et orientables dans toutes les directions sont parfaitement adaptées à la perception des odeurs volatiles et à la localisation de leur origine. Pour cela, elles sont truffées de plaques olfactives, de plaques poreuses et de plaques membranaires. Les faux bourdons possèdent un nombre particulièrement élevé de ces plaques olfactives chimiques afin de pouvoir percevoir clairement la phéromone de la reine.

Le prétarsus, en particulier les pattes antérieures, est également doté d'un grand nombre de poils sensoriels et de fosses sensorielles permettant de percevoir le goût et l'odeur de la fleur en contact direct avec celle-ci. Les abeilles peuvent ainsi goûter la teneur en sucre d'une solution grâce à leurs cellules sensorielles plantaires. De plus, des cellules sensorielles se trouvent dans la bouche, c'est-à-dire sur les mandibules et les palpes labiaux (palpeurs buccaux).

La mémoire olfactive des abeilles est capable de stocker les odeurs. L'odeur complète de la fleur n'est pas stockée, mais une image abstraite de la fleur est créée par la perception sélective de certains composants de cette odeur. Ainsi, les informations sur la teneur en sucre sont également intégrées dans la mémoire. Cela est utile pour la prochaine collecte de nectar, car même les fleurs de la même espèce végétale peuvent être très différentes en termes de qualité de nectar et de teneur en sucre. Les abeilles s'assurent ainsi qu'elles butinent des fleurs dont la composition du nectar leur convient parfaitement. Les yeux à facettes sont spécialement conçus pour voir le mouvement et produire des images nettes à l'intérieur de leur propre mouvement. Ils ont donc une bonne résolution temporelle. Ils sont également capables de rendre la lumière UV visible pour l'abeille, et même les jours nuageux, l'abeille peut déterminer la position du soleil.

Les yeux ponctuels, les trois petits yeux sur le front, sont probablement importants pour les abeilles en raison de leur position pour stabiliser le vol et servent également à l'orientation lumière-compas et à un rythme jour-nuit fonctionnel.

Grâce à leur capacité à détecter la lumière UV, les fleurs ont un aspect totalement différent pour l'abeille et pour l'homme. Ainsi, une fleur qui vous semble d'un blanc pur peut contenir un motif clair pour l'abeille. Ce type de vision permet aux abeilles de reconnaître les marques spécifiques de pollen et de sève sur les plantes et de déterminer l'endroit idéal pour se poser afin de récolter rapidement le nectar et le pollen.

Les abeilles ne peuvent pas entendre, elles n'ont pas de cellules sensorielles pour cela. En revanche, elles détectent les vibrations de l'air et s'en servent pour s'orienter. Le langage de danse des abeilles entre également dans la catégorie des vibrations. La danse de la queue est exécutée à l'intérieur de la ruche, dans l'obscurité totale. Les abeilles ne peuvent donc pas suivre la danse des yeux de manière classique, mais utilisent leur sens de la vibration. Au lieu de cela, des vibrations de 15 Hz (abdomen) et 250 Hz (thorax) sont générées et transmises aux autres abeilles par le balancement des alvéoles. Celles-ci lisent les vibrations à l'aide de l'organe subgénital et des organes chordotaux. Il s'agit d'organes sensoriels capables de capter les vibrations. L'organe subgénital est situé sur le tibia, les organes chordotonaux sur les articulations des pattes, une fois entre le fémur et le tibia et une fois entre le tibia et le tarse.

Les organes chordotaux sont chargés de déterminer la position des membres les uns par rapport aux autres et de percevoir les changements. Ainsi, la position des articulations permet de déduire le mouvement du sol. D'autres cellules sensorielles pour la perception des vibrations se trouvent sur les antennes. Les abeilles utilisent leurs antennes pour toucher, mesurer et se percevoir mutuellement. Les reines, par exemple, s'en servent pour mesurer les cellules de couvain et décider d'y placer un œuf fécondé ou non. Les ouvrières utilisent leurs antennes, entre autres, lors du nourrissage social (trophallaxie).

Enfin, l'abeille possède des poils sensoriels disposés en coussinets sur les articulations et des poils sensoriels disposés individuellement sur l'antenne, qui servent à percevoir la pesanteur. Elles fournissent des informations sur la façon dont les différentes parties du corps se comportent les unes par rapport aux autres.

COMMUNICATION ET COMPORTEMENT

Pour comprendre vos abeilles de la tête aux pieds, il est important que vous connaissiez le comportement des abeilles et la communication entre elles. Ce n'est qu'en comprenant et en connaissant bien le fonctionnement de la colonie et de la ruche que vous pourrez détecter directement les anomalies qui indiquent une maladie ou d'autres problèmes et intervenir à temps pour apporter votre aide.

Certaines associations d'apiculteurs ont mis en place des ruches d'observation. Il s'agit de ruches équipées de vitres qui vous permettent de voir l'intérieur de la ruche et d'observer les abeilles. Si vous n'avez pas cette possibilité, vous pouvez modifier quelque peu la situation dans votre propre ruche. Pour l'observation, accrochez un seul rayon dans la ruche et observez vos abeilles au travail. Ne faites cela que lorsque les conditions météorologiques sont idéales.

L'abeille

La communauté de la ruche est souvent appelée l'abeille. C'est un terme très approprié, car il semble souvent que toutes les abeilles agissent comme une unité, comme un grand organisme vivant. L'abeille comprend donc toutes les ouvrières, les faux-bourdons, la reine et le couvain. Mais l'abeille comprend également toutes les réserves et l'ensemble de la structure alvéolaire, car elles sont indispensables à la survie de la colonie.

Phéromones

Comme vous l'avez déjà appris, les phéromones sont des substances odorantes produites par les abeilles et émises vers l'extérieur. Elles servent à la communication entre elles, mais agissent avec un léger retard, car une fois émises, elles doivent être diffusées dans toute la ruche et dans toute la colonie. Ce n'est que lorsque toutes les abeilles ont absorbé les phéromones que le comportement

souhaité devient visible sous forme d'activité dans la colonie. Un échange d'informations à court terme n'est pas
possible par le biais des phéromones. Le mélange de
phéromones "substance de la reine" est concocté par la
reine à partir d'une trentaine de substances individuelles
et est libéré par les glandes mandibulaires. Dans une colonie trop nombreuse, la concentration se dilue à tel point
que les abeilles ouvrières commencent à créer des cellules
de reine. Les cellules de gelée royale sont des cellules de
couvain spéciales qui servent à élever une reine. On assiste donc à des préparatifs en vue d'un essaimage ou d'une
transplantation silencieuse. Outre les phéromones norma-
les qui servent à la communication quotidienne et à
l'odeur propre de la colonie, il existe certaines phéromones d'alarme que les abeilles émettent lorsqu'une attaque
a lieu. La colonie entière est ainsi informée et mise en état
d'alerte. Les phéromones d'alarme sont toujours libérées
lorsqu'une abeille pique. Cela signifie également que l'agresseur est identifié par la phéromone d'alarme et que les
abeilles y répondent de manière plus agressive. Une fois
que vous avez été piqué, vous ne devez plus vous appro-
cher de vos abeilles ce jour-là, changer de vêtements et
bien laver votre peau pour vous débarrasser de l'odeur
d'alarme.

Les marques olfactives sont un autre type de communication olfactive. Les marques olfactives sont laissées
par les abeilles à travers la glande tarsale, la glande
d'Arnhardt, là où les abeilles passent avec leurs pattes. La
plupart du temps, elles entrent et sortent de la ruche. Les

abeilles traceuses continuent d'utiliser les sécrétions des glandes stériles pour marquer les fleurs. L'odeur de la phéromone et l'odeur propre de la fleur forment alors un mélange caractéristique que les autres abeilles peuvent suivre pour trouver la source de butinage annoncée.

Trophallaxie - le nourrissage social

La trophallaxie consiste en un échange de nourriture de la bulle de miel d'un animal à un autre adulte. Les abeilles se nourrissent donc mutuellement, cela n'a rien à voir avec l'élevage des larves. La trophallaxie sert principalement à l'échange d'informations et à la transmission de la substance de la reine.

Par exemple, une abeille qui vient de faire la danse de la queue pour indiquer où elle a trouvé une bonne source de nourriture (miellée) peut être littéralement suppliée par plusieurs abeilles pour obtenir un peu de nourriture. De cette manière, les abeilles goûtent le fruit dont on leur a parlé et sont plus à même de localiser la source de nourriture en fonction de son goût.

La trophallaxie est également plus fréquente en hiver, pendant la miellée, afin que les abeilles puissent s'approvisionner entre elles avec leurs réserves de miel, qui sont en grande partie stockées dans les alvéoles de toutes les abeilles. En particulier après l'essaimage, jusqu'à ce que la construction des rayons soit suffisamment avancée pour que le miel puisse à nouveau y être stocké, les alvéoles sont le seul lieu de stockage de la nourriture. La trophallaxie se déroule selon un schéma fixe et est toujours initiée par une abeille mendiante qui contacte une autre abeille à l'aide de ses antennes. Si cette abeille souhaite partager sa nourriture, elle rabat sa trompe en arrière et extrait une goutte de sa poche à miel qu'elle dépose entre ses mandibules. L'abeille quémandeuse récupère cette goutte avec sa trompe. Dès que le contact entre les antennes est rompu, l'échange de nourriture est terminé.

Construction en nid d'abeille

Ce n'est qu'en construisant des rayons dans un nouvel habitat qu'un essaim d'abeilles devient une véritable colonie d'abeilles, car elles se créent ainsi un nid à couvain et les conditions nécessaires au stockage du miel. La construction d'un nouveau nid d'abeilles est un processus complexe qui exige des abeilles une véritable performance. Un rayon de miel contient environ 70 g de cire. Pour produire 1 kg de cire, les abeilles doivent dépenser l'équivalent en énergie et en matériel de 4 à 10 kilos de miel.

Une nouvelle construction n'est possible que si elles disposent également de ce matériel, ce qui suppose une abondance de miellée. C'est pourquoi elles ne construisent qu'au printemps et au début de l'été. Il faut également qu'il y ait une reine dans la colonie, car c'est la seule façon d'inciter les abeilles à construire.

Pendant la période de construction, toutes les ouvrières s'entraident et produisent la cire dans leur corps gras.

Une fois que la ruche est construite et qu'elle n'est pas agrandie, il ne reste plus qu'un petit nombre d'abeilles constructrices qui s'occupent des petites réparations de la structure des rayons et de l'operculation des cellules de miel et de couvain. Pour ce faire, elles utilisent souvent la cire existante au lieu d'en fabriquer une nouvelle.

Sterzeln

Les abeilles qui butinent aident les abeilles de la ruche à retrouver leur chemin vers la ruche en émettant une odeur caractéristique, propre à la ruche. C'est pourquoi ce comportement est plus fréquent lorsque les jeunes abeilles partent pour leurs premiers vols d'orientation ou après que la colonie a emménagé dans un nouveau logement.

Lors de la stridulation, les abeilles se tiennent près du trou d'envol et battent des ailes tout en soulevant leur abdomen pour exposer la glande de Nassanoff. En battant rapidement des ailes, l'odeur de phéromone de l'abeille se mélange à l'odeur de l'intérieur de la ruche, créant ainsi une odeur caractéristique et unique pour chaque colonie d'abeilles. Cette odeur se propage dans l'environnement et indique aux abeilles qui rentrent chez elles le chemin sûr pour regagner leur propre ruche.

La danse de la queue - le langage dansé des abeilles

Les abeilles traqueuses ont une fonction particulière au sein de la ruche. Elles sont les éclaireurs qui partent à la recherche de nouvelles sources de miellée. Lorsqu'elles ont trouvé une bonne récolte, elles retournent à la ruche et exécutent leur danse de la queue pour activer les autres abeilles et les inciter à les suivre vers la nouvelle source de récolte. Avec cette danse, elles transmettent toutes les informations dont les abeilles ont besoin pour trouver la miellée, la distance et la direction, le rendement et le type de miellée.

Les abeilles traceuses exécutent leur danse sur les alvéoles afin de les faire vibrer. Pour ce faire, il existe des zones spéciales des alvéoles dont le bord extérieur n'est pas relié à la paroi. Ces zones vibrent particulièrement bien et facilitent l'échange de messages.

En fonction de la capacité de l'abeille traceuse à activer les autres abeilles et à les enthousiasmer pour leur nouvelle source de butinage, plus d'abeilles s'y rendront. C'est comparable à une compétition dans laquelle l'abeille qui a la meilleure source de nourriture gagne et y dirige le plus d'ouvrières. Cela permet de s'assurer que les bonnes sources de miellée sont visitées en priorité.

Des abeilles auxiliaires s'assurent que toutes les abeilles inactives de la ruche entendent également la danse de la queue. Ces abeilles auxiliaires se déplacent dans la ruche et activent les autres en les saisissant avec la paire de pattes avant et centrale et en produisant une forte vibration avec leur abdomen afin de "réveiller" en quelque sorte l'abeille inactive et d'attirer son attention sur la danse de la queue qui a lieu.

Pour représenter la direction dans laquelle se trouve la source de butinage, les abeilles utilisent la gravité et la position du soleil comme points de référence fixes. Si la source du butinage est exactement dans la direction du soleil, elles exécutent la danse dans le sens vertical de haut en bas. En fonction de l'angle de divergence entre la ruche et le soleil, l'angle de danse est ajusté en conséquence. Et si cela n'est pas encore assez ingénieux, les abeilles tiennent également compte de la migration naturelle du soleil dans le ciel et calculent l'angle approprié dans le temps, ce qui leur permet d'adapter exactement leur danse de la queue. La distance de la source de butinage est représentée par la durée de la vibration. En termes simples, plus la durée de la vibration est longue, plus la source de miellée est éloignée. La nature de la source de nourriture est transmise par la trophallaxie. Ainsi, les abeilles reçoivent des informations sur le goût et l'odeur de la miellée en y goûtant. Plus il y a d'abeilles qui s'envolent, plus il y a d'abeilles qui dansent pour inciter d'autres abeilles à se rendre à la source du butin. Ainsi, en 15 à 30 minutes, elles parviennent à effectuer une cascade d'activation et à envoyer presque toutes les butineuses actives vers la nouvelle source de miellée abondante.

La couvée

En été, la durée de vie d'une ouvrière est de 5 à 6 semaines. Si une colonie ne s'occupe pas de la reproduction permanente, elle s'éteindrait en quelques semaines. La reine, les abeilles nettoyeuses et les abeilles nourricières sont les principales responsables de l'élevage du couvain.

Les abeilles nettoyeuses débarrassent les rayons des restes du couvain précédent et veillent à ce que les cellules de couvain soient prêtes pour que la reine puisse y pondre un œuf. Si la larve sort de cet œuf, les abeilles nourricières s'occupent de nourrir cette larve avec du jus de nourriture, puis avec du miel et du pollen, jusqu'à ce que la larve se transforme finalement en abeille adulte par métamorphose.

Les abeilles nourricières ne s'occupent pas seulement de l'alimentation des larves, mais sont également chargées de fournir à la reine une nourriture riche en protéines afin qu'elle puisse continuer à maintenir son haut niveau de performance en matière de ponte. Pour ce faire, les abeilles nourricières lui fournissent de la gelée royale qu'elles mélangent dans leurs glandes nourricières.

Élargissement et division de la population

Plus il y a de nourriture, plus la colonie en rapporte et plus la colonie peut se développer. Pour cela, il faut qu'il y ait suffisamment de place dans la ruche pour que de nouveaux rayons puissent être construits, car il faut créer davantage de cellules de couvain. Ce sont donc d'abord les abeilles constructrices qui créent des cellules de couvain. Elles varient alors la taille, car il faut suffisamment de faux-bourdons pour diviser la colonie. Le diamètre des cellules de faux-bourdons est légèrement plus grand que celui des cellules d'ouvrières. La reine mesure cela à l'aide de ses antennes et dépose un œuf non fécondé dans les cellules de faux-bourdons et un œuf fécondé dans chacune des cellules destinées à la progéniture des ouvrières.

Lorsqu'un essaimage est imminent ou qu'une transplantation est nécessaire, les abeilles constructrices créent des cellules extra larges, appelées cellules de reine. Celles-ci sont toujours suspendues verticalement au nid à couvain et sont remplies d'un œuf fécondé par la reine. Dès qu'une larve sort de l'œuf dans la cellule de gelée royale, elle est nourrie exclusivement de gelée royale par les abeilles nourricières, ce qui assure le développement d'une reine - une abeille femelle avec des ovaires.

L'engouement - Déménager dans une nouvelle maison

L'étape suivante est l'essaimage. Comme nous l'avons dit au début, l'abeille mellifère occidentale, qui vit en Allemagne, est la seule espèce d'abeille qui passe l'hiver dans la colonie. Pour assurer la survie de l'espèce, il est nécessaire non seulement que les colonies d'abeilles se maintiennent, mais aussi qu'elles se reproduisent et se développent. Dès que la nouvelle reine est sur le point d'éclore dans la cellule de la reine, l'ancienne reine quitte la ruche avec une partie de l'essaim. Elles ne volent généralement pas très loin, mais s'installent à proximité dans une grappe d'essaims. C'est une image très impressionnante, car les abeilles semblent littéralement collées les unes aux autres. Les abeilles s'envolent alors à la recherche d'un nouveau foyer. C'est le moment où vous, en tant qu'apiculteur, devez capturer l'essaim, sinon vous le perdrez.

Les abeilles sauvages essaiment régulièrement, notamment pour des raisons d'hygiène. S'il n'y a pas d'apiculteur pour remplacer les rayons de la ruche, les rayons vieillissent à chaque couvée qui a eu lieu. Les restes de cocons riches en protéines et les restes de couvain réduisent la taille des rayons à chaque passage et constituent une excellente nourriture et un appât pour les mites de cire, les acariens, les poux et autres parasites. Pour éviter une pression parasitaire élevée, mortelle pour la colonie d'abeilles, on assiste à un essaimage et à l'abandon de l'ancien nid.

Le changement de reine - la naissance d'une nouvelle reine

Une reine d'abeille a une espérance de vie de 4 à 5 ans. C'est une durée impressionnante. Mais à partir de trois ans environ, la production d'œufs diminue et la reine commence à vieillir, car la réserve de spermatozoïdes qu'elle a accumulée lors de son vol nuptial s'épuise. A ce stade, la reine a produit entre 1,2 et 1,5 million d'œufs.

En même temps, la production du mélange de phéromones Substance de la reine stagne également et l'information circule dans la colonie qu'une nouvelle reine est nécessaire et les abeilles mettent en place la cellule de la reine. En tant qu'apiculteur, il existe deux types de translocations naturelles. La transplantation avec essaimage, lorsque la colonie d'abeilles se divise et que deux colonies sont créées, et la transplantation silencieuse, qui se produit sans que l'apiculteur ne le remarque.

Dans ce cas, la reine vieillit et est remplacée par une reine jeune, saine et performante. Il n'y a pas d'essaimage d'une partie de la colonie, car les abeilles ne suivent plus la vieille reine sans son puissant signal phéromonal.

La transplantation ne peut avoir lieu que si des faux-bourdons sont disponibles pour féconder la nouvelle reine. Les abeilles mâles se développent entre mai et juillet avec pour seule mission de féconder la jeune reine lors du vol nuptial et de lui transmettre leur réserve de graines. Le faux-bourdon est dépendant des ouvrières car il ne s'envole pas et ne se nourrit donc pas lui-même. Il ne survit que grâce au nourrissage social ou en profitant des réserves de miel de la colonie.

Recouvrement - La perte de la reine

Une colonie sans reine mourra en peu de temps, faute de progéniture. Dans la nature, divers événements entraînent parfois la perte de la reine - cela peut également se produire du fait de l'apiculteur, par exemple lorsqu'un apiculteur inattentif perd la reine en la déplaçant.

Pour sauver la colonie d'une destruction certaine, les abeilles nourricières entrent alors en action. Une larve femelle n'est pas fixée pendant les trois premiers jours de son développement. Si elle reçoit de la gelée royale, le jus de nourriture royal, pendant toute la durée de son développement, elle deviendra reine. Si les abeilles nourricières changent de régime alimentaire le troisième jour et adoptent la bouillie de pollen et de miel, une ouvrière se développe. Si la colonie remarque la perte de l'ancienne

reine, elle transforme les rayons de couvain avec des
larves de moins de trois jours en cellules dites de recréation. La plupart du temps, elles sont au nombre de cinq ou
six. Les cellules de recréation sont facilement reconnais-
sables à leur taille nettement plus grande. Pour qu'il y ait
recréation, il faut que la ruche contienne du couvain non
operculé. Le couvain operculé est déjà trop vieux et trop
différencié et ne peut plus se développer en reine. De
plus, il doit y avoir des faux bourdons pour que la jeune
reine puisse partir en vol nuptial et revenir fécondée et
prête à pondre.

LA MIELLÉE - LA BASE DE L'ALI-
MENTATION DE L'ABEILLE

Le terme "miellée" désigne l'ensemble de la nourriture
disponible pour la colonie et, en même temps, la miellée
actuelle est divisée en fonction de ce qui est apporté à ce
moment-là : Nectar, pollen, miellat, résine d'arbre et eau
en font partie. La récolte varie en fonction de la saison.
Ainsi, au début de la période de reproduction, les abeilles
ont besoin de plus de protéines et collectent donc de
préférence du pollen. Vous pouvez voir quel type de
récolte vos abeilles apportent en les observant attentivement lorsqu'elles entrent dans la ruche : Du pollen et de la
résine d'arbre dans les poches des pattes arrière ; si le vol
est lourd, la poche à miel est pleine de nectar ou de
miellat.

Costume de construction / Costume de développement

Les abeilles apportent cette miellée jusqu'à la mi-avril ou la fin avril. C'est à cette période que les abeilles sortent de l'hiver. La plupart du temps, elles passent l'hiver avec un seul cadre, c'est-à-dire une seule couche de rayons. Au début de la période d'élevage, les abeilles ont surtout besoin de pollen comme source de protéines pour nourrir la reine et le couvain. Vers la fin du mois de mars, les réserves de miel et de nourriture pour l'hiver sont épuisées et les abeilles doivent commencer à récolter du nectar. C'est au plus tard à ce moment-là que l'on ajoute un deuxième cadre afin de donner aux abeilles plus d'espace pour se développer.

Digression : les ruches les plus courantes aujourd'hui sont appelées magasins. Ils se composent d'un fond et d'un couvercle, entre lesquels on peut insérer autant d'étages intermédiaires que l'on veut, les cadres. Il s'agit de cadres en bois tendus par de fins fils de fer, sur lesquels les abeilles peuvent construire leurs rayons. Vous trouverez la structure exacte du magasin et tout ce qu'il faut savoir sur les habitations pour abeilles dans un chapitre ultérieur.

La floraison est terminée au début de la floraison des fruits, mais elle peut durer plus longtemps après un long hiver. Les plantes sur lesquelles les abeilles butinent à cette période sont destinées à recueillir du pollen : Le bouleau, l'aulne, le noisetier, le crocus et d'autres plantes qui fleurissent tôt dans l'année. Les sources de nectar sont

par exemple le prunellier, l'érable plane, l'érable sycomo-
re, l'érable champêtre et le marronnier d'Inde. Mais
d'autres fleurs printanières et les arbres qui fleurissent tôt
dans l'année fournissent également de la nourriture aux
abeilles.

> Observez les plantes qui fleurissent dans votre région
> et à quelle période de l'année, vous pourrez ainsi estimer
> ce qui sert de nourriture à vos abeilles à cette période.

Récolte précoce

Entre mi-avril et fin mai, la miellée de printemps fait
place à la miellée d'automne. Le développement de la
colonie est si avancé et la miellée si abondante que les
premières réserves de miel sont constituées. Il est donc
temps d'installer une miellerie dans votre ruche.

Ce que vos abeilles récoltent comme miellée précoce
varie à nouveau d'une région à l'autre. Le cormier, le
prunellier, les fleurs de jardin et de prairie, le pissenlit, le
trèfle et le colza sont les principales sources de miellée.
Mais les arbres fruitiers et les arbustes à baies, tels que les
groseilles et les fraises, font également partie du butinage
précoce, selon la région.

Au printemps, tout se passe généralement à une
vitesse explosive et il semble que la nature déploie ses
fleurs partout "du jour au lendemain". Une colonie
d'abeilles bien développée et en bonne santé trouve maintenant de la nourriture en abondance partout, et les
premières miellées de masse apparaissent. La miellée de

masse signifie un apport de nourriture si abondant que les abeilles constituent de grandes réserves de miel que l'apiculteur peut ensuite récolter sous forme de miel. Le miel de miellée précoce a un goût aromatique à doux et sa consistance, sa couleur et son arôme varient selon la miellée.

Pendant les périodes où un type de miellée prédomine dans votre région, il peut y avoir des miels variétaux. Par exemple, si vos abeilles vivent dans une région où le colza est cultivé en abondance, il est fort probable qu'elles utilisent presque exclusivement le colza comme source de miellée et que vous puissiez obtenir un miel de colza monovariétal.

Costumes du début de l'été

La prochaine étape du costume est le costume du début de l'été, qui s'étend de mai à la mi-juin environ. C'est à ce moment-là que le costume change et devient beaucoup plus varié. Il y a maintenant un large éventail d'herbes de prairie, de plantes ornementales cultivées dans les jardins ou les parcs et de plantes utiles. Il existe un large éventail de sources de nourriture pour les abeilles, non seulement à la campagne, mais aussi et surtout en ville. On peut citer par exemple les variétés d'érable, le robinier, l'aubépine, les espèces de trèfle et les petits fruits.

Au début de la miellée d'été, les abeilles peuvent également avoir recours au premier miellat. Des pucerons peuvent s'être installés, en particulier sur le marronnier et l'érable, et fournir le miellat aux abeilles. La cochenille des bourgeons de l'épicéa peut s'installer sur l'épicéa dès la fin mai et fournit un abondant miellat.

Costumes d'été

La miellée d'été s'étend de mi-juin à fin juillet et parfois jusqu'à mi-août. Pendant cette période, vous pouvez qualifier votre miel de miel d'été, de miel de miellée d'été ou de miel de miellée d'été. Selon la région, les sources de miellée sont par exemple : le trèfle, les mûres, les framboises, les châtaignes, les herbes sauvages et toutes sortes de plantes ornementales et utiles dans les jardins et les parcs allemands.

Des miels monovariétaux peuvent être produits selon les régions, par exemple pendant la floraison du tilleul, dans les régions de culture du tournesol ou pendant la saison des asperges. Si vous vous trouvez dans une zone de production d'asperges, vérifiez si vos abeilles déposent du pollen rouge. Celui-ci provient de l'asperge (Asparagus officinalis).

C'est aussi le moment où il peut y avoir un déficit de miellée, une période pendant laquelle vos abeilles ne peuvent pas trouver suffisamment de nourriture. Cela se produit surtout dans les régions où l'agriculture est une monoculture importante. Si le colza est la plante à fleurs dominante, il n'y a pas de miellée en masse une fois qu'il est récolté. Les abeilles doivent alors se rabattre sur d'autres sources de miellée, qui font souvent défaut, car l'agriculture moderne utilise des désherbants et l'herbe des prairies en jachère est trop souvent coupée, ce qui empêche toute floraison.

Trafic tardif

Après la miellée d'été, fin juillet ou mi-août, commence la période de miellée tardive qui s'étend jusqu'à fin septembre et même jusqu'en octobre lors des fins d'été chaudes. La miellée tardive est tout ce que vos abeilles rapportent après la deuxième récolte de miel, c'est-à-dire après la miellée précoce et après la miellée d'été.

A quelques exceptions près, cette miellée n'est généralement pas utilisable pour la récolte de miel, car elle reste plutôt faible en quantité et devrait servir de réserve d'hiver aux abeilles. Dans les régions où les cultures de tournesol ou de sarrasin sont plus nombreuses, la miellée tardive peut être suffisamment abondante pour qu'une autre récolte de miel soit utile. Dans les landes, où tout ne commence à fleurir qu'à la fin de l'été, il est également possible de récolter les miellées tardives. La bruyère à balai et la bruyère campanulée y fleurissent à présent.

N'envisagez de récolter la moisson de sarrasin que si vous habitez dans une région où le sarrasin est cultivé de manière généralisée. Le sarrasin fleurit de fin juillet à fin septembre et fournit un nectar abondant. Dans les régions qui s'y prêtent, il est possible de récolter un miel de sarrasin monovariétal.

Un temps automnal doux peut être un problème pour vous en tant qu'apiculteur dans les régions où la moutarde blanche et le radis oléagineux sont utilisés comme engrais verts dans l'agriculture. Si le temps est très doux, on assiste à la floraison automnale de ces deux plantes, qui peuvent être utilisées par vos abeilles pour la miellée. La colonie d'abeilles devient alors plus vulnérable à l'acarien Varroa, car c'est à cette période que le repos hivernal devrait commencer.

Miel de la miellée

L'apport de miellat est possible de fin mai à fin septembre, mais il est irrégulier, car la présence de pucerons ne peut pas être prévue. De ce fait, les miels qui peuvent être qualifiés de miellats purs sont rares et plus chers. Les plantes hôtes typiques des pucerons sont : Le pin, le tilleul, l'épicéa et l'érable. Le miel de miellat provenant de ces sources de miellée, s'il est monovariétal, est volontiers appelé miel de forêt ou miel de forêt, même si les arbres se trouvaient par exemple en ville. Dans la région de la Forêt-Noire, les abeilles aiment également récolter le miellat du sapin blanc, ce qui donne un miel de sapin monovariétal.

La plupart du temps, le nectar et le miellat sont collectés ensemble, de sorte que le miel qui en résulte est un mélange. Mais il est également possible d'obtenir des miels monovariétaux, par exemple de tilleul et de châtaignier, sous forme de mélange de nectar et de miellat.

ATTRIBUTION DES EMPLOIS DANS LA RUCHE

Pour que l'État apicole - également appelé abeille - fonctionne comme sur des roulettes et que les 10.000 à 40.000 abeilles individuelles sachent toutes ce qu'elles ont à faire, différentes tâches doivent être assumées. Il y a tout d'abord la reine, qui s'occupe de la ponte des œufs et donc de la progéniture. Il y a aussi d'autres tâches pour les ouvrières.

Le travail exact qu'elles effectuent est lié à leur âge. Au cours des vingt-et-un premiers jours suivant l'éclosion, les abeilles suivent le schéma suivant : nettoyage, soins du couvain, construction des rayons, préparation du miel, surveillance. Ensuite, elles deviennent butineuses. En fonction des besoins, les abeilles mellifères peuvent toutefois changer de domaine d'activité et être utilisées de manière flexible là où elles sont nécessaires.

Selon l'exercice de ses fonctions, l'ouvrière possède des glandes actives. Des glandes nourricières pour les abeilles nourricières, des glandes cirières pour les abeilles constructrices et des glandes à venin pour les butineuses. L'activation et l'inactivation des différentes glandes se font grâce aux hormones de l'abeille au cours du développement de sa vie. Au fur et à mesure que l'"expérience de vie" augmente, les jobs deviennent de plus en plus exigeants, jusqu'à ce que les abeilles âgées deviennent des butineuses.

Abeilles de nettoyage

On devient abeille nettoyeuse juste après l'éclosion. Au cours des premiers jours de leur vie, les abeilles nettoyeuses se promènent autour du nid à couvain et nettoient les rayons utilisés des restes du couvain précédent. Elles préparent les rayons pour l'insémination, c'est-à-dire la mise en place d'un œuf par la reine. Pour ce faire, elles retirent les excréments de la larve et les restes du cocon à l'aide de leurs mandibules. Enfin, elles recouvrent le nid d'abeille d'un enduit désinfectant à base de propolis.

Elles sont également responsables de la régulation de la température dans la ruche et peuvent produire de la chaleur en contractant et en relâchant de manière rythmique les muscles du vol. Les abeilles nettoyeuses sont couvertes de fourrure, ce qui permet de reconnaître les jeunes abeilles. En vieillissant, les abeilles perdent de plus en plus de soies.

Abeilles nourricières

Les abeilles nourricières sont des abeilles âgées de quatre à dix jours. Elles s'occupent exclusivement du couvain et de la reine. Pour pouvoir nourrir les larves, les abeilles nourricières ont des glandes céphaliques actives dans lesquelles est produite une sécrétion, la gelée royale. Cette sécrétion est utilisée pour nourrir les plus jeunes larves jusqu'à l'âge de trois jours. De plus, les abeilles nourricières veillent à ce que le pollen et le miel prêt à l'emploi soient disponibles et donnés à partir du quatrième jour aux larves qui se transformeront en ouvrières ou en faux-bourdons. La larve d'une nouvelle reine est nourrie avec de la gelée royale de haute qualité au lieu du mélange de pollen et de nectar pendant tout son développement.

Une partie des abeilles nourricières forment la cour de la reine. Elles sont toujours en mouvement autour de la reine et la nourrissent de gelée royale pour la maintenir en forme. La différence entre la bouillie normale et la gelée royale est que cette dernière contient un pourcentage élevé de sécrétion des glandes mandibulaires. La gelée royale provient plutôt des glandes hypopharyngiennes et seul un très faible pourcentage provient des glandes mandibulaires.

Abeilles constructrices

Les abeilles bâtisseuses se distinguent par les glandes cirières actives situées sur la face inférieure de l'abdomen. Les abeilles plus âgées peuvent redevenir des abeilles bâtisseuses pendant les périodes de grand besoin, principalement au printemps après l'essaimage, lorsqu'elles s'installent dans une nouvelle ruche. Dans ce cas, les glandes cirières inactives se réactivent.

A moins qu'il ne s'agisse d'une construction complète, il y a relativement peu d'abeilles constructrices qui s'occupent de l'entretien des rayons. Les plaquettes de cire provenant du corps gras sont malaxées entre les mandibules avec un peu de sécrétion des glandes mandibulaires pour les rendre malléables. Outre la réparation des défauts des rayons, les abeilles constructrices sont également responsables de l'operculation des cellules de couvain et de miel.

Lors de la construction d'un nouveau nid ou d'une réparation importante, les abeilles constructrices travaillent en équipe. Elles forment un réseau d'abeilles qui produisent la cire et la transmettent ensuite aux abeilles bâtisseuses situées en dessous du réseau, qui la mettent en forme et la cultivent. L'avantage est que la température, de 30 à 40 degrés, est suffisamment élevée pour que la cire reste souple et facile à travailler.

Les abeilles constructrices ont une importance plus grande dans la composition de la colonie qu'il n'y paraît à première vue. La reine tâte les rayons vides avec ses antennes et, selon la taille du rayon, pond un œuf fécondé pour une ouvrière ou un œuf non fécondé pour un faux-bourdon. La taille des alvéoles pour les ouvrières est de 5,2 à 5,4 millimètres de diamètre et de 10 à 12 millimètres de profondeur. Les alvéoles pour les faux bourdons sont de 6,2 à 6,4 millimètres de diamètre et de 16 millimètres de profondeur.

La cire fraîchement produite est de couleur blanche pure. Au contact du pollen, du miel et bien sûr du couvain, elle s'assombrit peu à peu et prend la couleur jaune typique.

Productrices de miel
Les abeilles nourricières qui ne deviennent pas des abeilles bâtisseuses deviennent directement des productrices de miel. Ce sont les abeilles responsables de la gestion des réserves de miel. Elles sont également respon-

sables du transfert du miel.

Il est important que les larves de la colonie d'abeilles aient toujours suffisamment de miel à leur disposition pour grandir en bonne santé et devenir des ouvrières ou des faux-bourdons vigoureux. C'est pourquoi les abeilles aiment stocker leur miel à proximité du nid à couvain, le noyau de la colonie d'abeilles. Cette zone est appelée la couronne de nourriture. C'est là que se trouvent la reine et ses abeilles nourricières. Lorsque la nourriture est abondante, les ouvrières transportent le miel. Cela signifie qu'elles le prélèvent dans les rayons proches du nid à couvain et le transfèrent dans des rayons de miel propres plus éloignés. Le miel est alors stocké sous forme operculée afin de constituer une réserve.

Elles ne se contentent pas de transborder le miel déjà prêt, mais s'occupent également du stockage du miel fraîchement récolté. Par le biais de la trophallaxie, c'est-à-dire le nourrissage social, les butineuses transmettent le contenu de leur alvéole aux apicultrices, qui répartissent le mélange déjà prédigéré dans les rayons de miel. Les mellifères prennent également la résine des arbres, utilisée pour produire de la propolis, aux butineuses et la rangent dans la ruche. Il en va de même pour le pollen. Le pollen qui n'est pas directement utilisé pour nourrir les larves est ensuite stocké par les butineuses dans les rayons extérieurs de la couronne de nourriture et mélangé aux sécrétions glandulaires et au miel immature. C'est ainsi que l'on obtient ce que l'on appelle le "pain de pollen" ou le "pain d'abeille", qui peut ensuite être utilisé comme nourriture si nécessaire.

En plus de leur travail de gestion du miel, les apicultrices sont également chargées d'évacuer les déchets et les ordures de la ruche. La description du travail n'est généralement pas gravée dans la pierre à partir de cet âge et il est donc possible que vous voyiez des ouvrières se déplacer sur les rayons de miel de votre ruche sans pouvoir dire exactement à quel travail elles s'adonnent.

Gardien

Entre le 18e et le 20e jour de vie environ, les abeilles travaillent en tant qu'abeilles gardiennes. Cela représente également la transition entre l'abeille de la ruche, qui reste uniquement dans la ruche, et l'abeille volante. Les abeilles sentinelles se tiennent dans la zone d'entrée et effectuent de courts vols de surveillance à proximité de la ruche. Chaque abeille qui veut entrer dans la ruche doit être contrôlée par les abeilles gardiennes. Pour ce faire, les abeilles entrent en contact via les antennes et la sentinelle contrôle l'abeille qui arrive en fonction de l'odeur de la ruche. Seules celles qui ont la bonne odeur et qui peuvent donc être identifiées comme appartenant à la ruche sont autorisées à passer. Toutes les autres sont attaquées par le dard venimeux.

La production de venin commence au troisième jour de vie en tant qu'abeille adulte et se termine avec une vésicule pleine vers le quinzième jour. Pour les abeilles d'été, c'est-à-dire celles qui sont couvées entre mars et août, la production de venin s'arrête au vingtième jour de vie.

Les abeilles gardiennes ne repoussent pas seulement les autres abeilles et insectes, comme les frelons et les guêpes. Des vertébrés plus petits, comme les oiseaux et les musaraignes, peuvent également pénétrer dans la ruche en tant que prédateurs. Ce sont justement les plus grands adversaires qui ne peuvent pas vaincre seuls les abeilles gardiennes relativement peu nombreuses. C'est alors que la phéromone d'alarme est émise et que d'autres ouvrières se précipitent à la rescousse des gardiennes. Ensemble, elles tuent l'intrus et, s'il est impossible de le sortir de la ruche, elles le momifient avec de la propolis. Dans certaines situations, les gardiennes tolèrent également les faux-bourdons et les ouvrières d'autres colonies. Les ouvrières égarées ou les abeilles qui ont perdu leur propre colonie peuvent s'installer dans une colonie étrangère et y être accueillies. Cependant, lorsque la miellée se fait rare, les colonies d'abeilles peuvent se voler mutuellement et voler les réserves de miel de la colonie étrangère. Les gardiennes réagissent plus agressivement aux abeilles étrangères lorsque ces vols se multiplient et ne les laissent plus passer.

Abeilles à butiner

Les ouvrières plus âgées, à partir de l'âge de trois semaines environ, deviennent des abeilles butineuses. Elles font désormais partie des abeilles volantes et quittent le nid protecteur pour effectuer leur travail : Récolter du miel, du miellat et du pollen pour nourrir la colonie d'abeilles.

Une abeille butineuse un jour, une abeille butineuse toujours. En tant qu'abeille butineuse, leur tâche consiste à observer les abeilles traceuses et à se laisser ainsi guider vers la meilleure source de butinage. Elles récoltent du nectar, du miellat, du pollen, de l'eau et, si nécessaire, des matières premières pour la fabrication de la propolis.

Le comportement des abeilles butineuses est communément appelé "blütenstet". Cela signifie ce qui suit : Comme vous l'avez déjà appris, les abeilles traçantes s'envolent à la recherche de sources de butinage particulièrement lucratives. Elles reviennent à la ruche et exécutent la danse de la queue. Les abeilles butineuses suivent l'abeille qui vante la culture la plus prometteuse. Elles se dirigent vers cette source et exécutent également la danse de la queue à leur retour, ce qui incite progressivement toutes les abeilles butineuses à se diriger vers cette source précise. Ce comportement est appelé "blütenstet".

Le fait qu'une miellée soit considérée comme lucrative ou non dépend du nombre de fleurs, de la teneur en sucre et de la quantité générale de nectar. L'abeille butineuse continue de voler, encore et encore, pour apporter du nectar et du pollen jusqu'à ce qu'elle meure lors de son dernier vol. Au bout de deux à trois semaines, les abeilles butineuses sont visiblement fatiguées. L'extrémité de leurs ailes est généralement déchirée et les bandes claires de l'abdomen disparaissent progressivement à mesure que les soies se cassent. L'abdomen devient de plus en plus sombre et l'abeille perd finalement la capacité de voler et meurt en dehors de la ruche.

Abeille à traces

Être une abeille traceuse est le travail le plus dangereux de la ruche et n'est réservé qu'à quelques butineuses. Elles sont des éclaireuses, des exploratrices du monde et ont sans doute la tâche la plus importante de la ruche : trouver de nouvelles sources de butinage. Elles assurent ainsi la survie de la colonie. Pendant l'essaimage, les abeilles à traces ont pour tâche de trouver une nouvelle maison et d'y conduire l'essaim en toute sécurité. En quelques instants, les abeilles traçantes parviennent à former une mémoire de localisation sans erreur et, après leur vol de reconnaissance, à retourner à l'essaim plutôt qu'à l'ancienne ruche.

Si vous voyez les premières abeilles s'envoler de votre ruche tôt le matin ou après la pluie, il s'agit d'abeilles traceuses qui s'envolent et partent à la recherche de la récolte. Elles volent dans un rayon maximal de 3 à 5 kilomètres autour de la ruche. Les abeilles à traces sont quasiment toujours à la recherche de nectar et de miellat. Au printemps, elles recherchent également des sources d'eau et de pollen pour couvrir leurs besoins supplémentaires en liquide et en protéines.

Comme vous l'avez appris dans le chapitre sur la physiologie des abeilles, les abeilles à traces peuvent marquer les sources de miellée trouvées avec des substances odorantes. De plus, un échantillon de miellée est rapporté à la maison dans une bulle de miel pour que les butineuses puissent y goûter. La danse de la queue, le marquage olfactif et l'odeur et le goût de la nouvelle source de miellée indiquent alors aux butineuses un chemin sûr vers la nouvelle source de nourriture.

Abeilles d'hiver

Les abeilles d'hiver sont celles qui couvent à partir du couvain en automne. Elles ont pour mission de prendre soin de la reine en hiver et de la maintenir en bonne santé. L'anatomie et la physiologie des abeilles d'hiver ne diffèrent pas de celles des abeilles d'été, mais leur domaine d'activité est différent. Elles ne s'envolent plus pour aller butiner, mais restent exclusivement dans la ruche. Leur tâche principale est d'assurer la production de chaleur en formant la grappe d'hiver. La reine continue d'être nourrie par sa cour.

Lorsque l'hiver est terminé et que la saison de reproduction prend lentement son essor, les abeilles d'hiver doivent s'adapter avec souplesse à leurs nouvelles tâches et deviennent des abeilles nettoyeuses, des abeilles nourricières, des abeilles constructrices, des gardiennes, des butineuses et des abeilles traceuses. Elles commencent ainsi à vieillir sous l'effet de la pénibilité du travail, comme les abeilles d'été, et meurent entre fin mars et début avril. A cette époque, la première génération d'abeilles d'été a pris le relais du travail dans la ruche.

La reine

Dans le langage technique de l'apiculture, la reine est appelée "reine". Le terme "mère de ruche" est également utilisé pour désigner la reine. Elle est la seule abeille à survivre plusieurs années. Vous avez déjà appris beaucoup de choses sur la reine, notamment qu'elle émet la substance de la reine, un mélange de phéromones qui signale à toutes les abeilles qu'elles ont une reine forte et en bonne santé. Sa plus grande et plus importante tâche est la reproduction, la ponte des œufs. Elle effectue ce travail année après année, de mars à août. Ce processus s'appelle la "ponte". Chaque jour, elle pond jusqu'à 1 200 œufs - appelés "bâtonnets" - dans les cellules préparées du nid. En d'autres termes, elle produit et pond chaque jour 80 % de son propre poids en œufs. Elle ne peut maintenir cette performance qu'en utilisant la gelée royale, riche en protéines, comme jus de nourriture.

Deux situations peuvent conduire à l'élevage d'une nouvelle reine. L'ancienne reine est en fin de vie et meurt peu avant ou peu après l'éclosion de sa remplaçante. Dans ce cas, il n'y a pas de division de la colonie, c'est ce qu'on appelle un transfert silencieux. Dans le cas contraire, la colonie est devenue si grande qu'elle se divise. Dans ce cas, l'ancienne reine quitte la ruche avec une partie de la colonie juste avant l'éclosion de la nouvelle reine.

Le développement complet d'une reine dure 16 jours. Elle passe 10 jours dans l'œuf et sous forme de larve. La période de repos de la nymphe, la métamorphose, dure 6 jours.

Drone

L'abeille mâle - née dans un seul but : féconder la reine

d'une colonie étrangère.

Les faux bourdons ne sont produits par la colonie d'abeilles que lorsqu'ils sont nécessaires, c'est-à-dire au moment de l'essaimage. En ne fécondant que les reines d'une autre souche, les faux bourdons assurent l'échange de matériel génétique et empêchent la consanguinité.

Les faux-bourdons sont issus d'œufs non fécondés. D'un point de vue génétique, ils n'ont donc pas de père, mais peuvent devenir le père d'une toute nouvelle colonie d'abeilles après une fécondation réussie.

Au cours des premiers jours de leur vie, les faux bourdons sont nourris par les ouvrières avec du jus de nourriture, puis ils s'approvisionnent dans les réserves de miel de la colonie. Ils ont besoin de grandes quantités de protéines, donc de pollen, pour produire des spermatozoïdes. La maturité sexuelle est atteinte entre le 8e et le 12e jour de vie. A ce moment-là, les faux bourdons ont produit entre 8 et 11 millions de spermatozoïdes.

Le faux-bourdon effectue quelques brefs vols d'orientation au cours des premiers jours de sa vie et s'envole vers des sites de butinage où les abeilles mâles sont toujours à l'affût d'une reine appropriée. Une fois qu'il en a trouvé une, il meurt pendant l'accouplement après avoir transféré ses spermatozoïdes à la reine.

Un faux bourdon qui ne réussit pas peut vivre 30 à 40 jours et est généralement chassé de la ruche par les ouvrières avant l'hivernage. C'est ce que l'on appelle la bataille des bourdons. Cependant, il arrive rarement que certains faux bourdons soient tolérés dans la ruche en hiver et puissent y passer l'hiver avec eux.

LE NID

Vous pouvez considérer le nid à couvain de vos abeilles comme le cœur de la ruche. C'est là que s'effectue la reproduction, c'est pourquoi cette zone mérite une attention particulière. Dans une petite colonie, le nid à couvain s'étend sur un cadre, alors qu'une colonie plus grande, également appelée colonie de production, possède généralement un nid à couvain réparti sur deux cadres.

Profitez des journées chaudes pour observer le nid à couvain de vos abeilles. La température de l'air doit être supérieure à 20 degrés pour que les larves ne se refroidissent pas. Notez toutes vos observations dans la fiche de la ruche. Il s'agit de votre comptabilité de la ruche. Vous avez une carte de ruche pour chaque ruche, dans laquelle vous notez tout ce qui se passe autour de vos abeilles, ainsi que les travaux que vous avez effectués en rapport avec les abeilles.

Il y a également de la place pour noter les observations que vous avez faites en rapport avec le nid à couvain. Au centre du nid d'abeilles, vous pouvez voir les cellules de couvain, entourées de cellules remplies de pollen. Le tout est entouré d'alvéoles remplies de miel, soit déjà mûr et prêt à être donné aux animaux, soit encore frais et immature qui vient d'être déposé. Cette structure caractéristique du nid à couvain est appelée "couronne de nourriture".

La métamorphose de l'abeille

Dans les cellules de couvain, vous pouvez trouver différentes choses. Un œuf, appelé stylo, un asticot rond, un asticot étiré ou la nymphe, qui subit une métamorphose holométabole et passe de l'état de larve, nettement plus simple, à celui d'insecte adulte (imago).

Ce développement - de l'œuf à l'imago - est étonnamment rapide chez les abeilles : en seulement trois semaines, l'abeille finie sort de sa chrysalide. D'autres insectes ont une durée de développement de plusieurs mois, voire de plusieurs années, comme le hanneton ou les libellules. Pour que cette croissance rapide soit possible, les abeilles nourricières font de leur mieux pour fournir au couvain de la sève riche en énergie.

L'œuf fécondé constitue la première des trois phases de croissance de l'abeille. Une fois qu'il a été pondu par la reine, le développement embryonnaire commence à l'intérieur jusqu'à la larve, qui sort de l'œuf le 3e ou 4e jour après la ponte.

C'est alors que commence la deuxième phase du développement : la phase de croissance. Ici, la larve est nourrie par les abeilles nourricières et grandit assez rapidement pour devenir un asticot rond fini qui atteint son poids final de 150 à 160 milligrammes en seulement cinq jours. Jusqu'à ce stade, l'asticot a mué quatre fois et s'est débarrassé de son ancien exosquelette, devenu trop petit, pour se doter d'une nouvelle enveloppe plus grande. Il est presque impossible de trouver des restes de cet ancien exosquelette, car il est composé de protéines et est directement mangé par les asticots afin de ne pas gaspiller de précieuses protéines.

Un asticot rond qui a atteint son poids final devient un asticot étiré. Cela signifie qu'il n'est plus enroulé dans sa cellule de couvain, mais qu'il s'étire en longueur. Les ouvrières couvrent alors la cellule de couvain et la troisième phase commence : la différenciation ou métamorphose. La larve étirée tisse alors un cocon fin autour d'elle et devient une prénymphe. La larve subit alors sa cinquième mue, qui a lieu vers le 13e jour de son développement. La larve prend alors une forme plus complexe et différenciée et devient un imago : l'abeille adulte.

A la fin de la période de repos de la nymphe, vers le 21e jour, a lieu la dernière mue, la sixième en tout. Cette dernière mue permet d'ouvrir le couvercle de la cellule de reproduction et de faire éclore l'insecte fini.

LE BÉGUIN

En tant qu'apiculteur, il est essentiel que vous connaissiez la dynamique de l'essaimage afin d'éviter un essaimage incontrôlé de vos colonies d'abeilles. Un essaimage que vous ne contrôlez pas est mauvais pour la colonie et pour l'apiculture elle-même, et ce pour plusieurs raisons :

• En particulier dans les zones urbaines, un essaim retourné à l'état sauvage trouve difficilement un abri approprié et meurt s'il n'est pas capturé par un apiculteur.

• Un essaim d'abeilles qui se déplace librement peut facilement provoquer le mécontentement de vos voisins.

• Les succès de l'élevage de ces dernières années sont niés par les colonies d'abeilles retournées à l'état sauvage, car celles-ci réagissent en principe de manière plus agressive pour se défendre contre les prédateurs. L'accouplement de colonies d'élevage avec des abeilles sauvages retournées à l'état sauvage peut entraîner un regain d'agressivité chez les colonies détenues par l'homme.

Il vous appartient donc, en tant qu'apiculteur, d'empêcher un essaimage incontrôlé par une bonne gestion et une connaissance suffisante de la physiologie de l'essaimage.

Ambiance d'essaimage

Il n'y a pas "une" raison pour laquelle votre colonie essaimera. Il s'agit plutôt d'une combinaison de facteurs et vous ne pouvez savoir si votre colonie est en état d'essaimage que si vous l'observez régulièrement et que vous connaissez bien son comportement. Plusieurs éléments doivent être réunis pour qu'une colonie soit réellement en état d'essaimage. Tout d'abord, le développement et l'édification de la colonie doivent être terminés. Une colonie doit d'abord bien sortir de l'hiver avant de pouvoir penser à l'essaimage. Il doit s'agir d'une colonie saine, une colonie malade n'a pas la force de se préparer à l'essaimage. L'essaimage n'a lieu qu'à une période où il y a suffisamment de miel. La période d'essaimage se situe entre mai et mi-juillet, selon les conditions météorologiques.

Une colonie se mettra plus facilement en humeur d'essaimage si elle manque de place. Si le magasin est plein et que l'espace vient à manquer, on prépare une division de la colonie par essaimage. Une autre raison de diviser une colonie qui s'est fortement développée est la dilution trop importante de la substance de la reine dans la colonie. Si la concentration du mélange de phéromones diminue trop, les ouvrières commencent à préparer l'essaimage.

Pour ce faire, elles créent des alvéoles de reine. Ces cellules rondes sont généralement placées sur le bord du nid à couvain et dépassent souvent le cadre en bois, ce qui permet à l'apiculteur de les repérer plus facilement. Dès que la reine a fécondé l'une de ces alvéoles, c'est-à-dire qu'elle y a déposé un œuf fécondé, les ouvrières la transforment en cellule de reine et l'élevage d'une nouvelle reine commence.

Pendant que la nouvelle reine est élevée - généralement, plusieurs reines potentielles se développent en même temps - l'ancienne reine doit être rendue apte à voler. Les ovaires actifs entraînent toutefois un poids beaucoup trop important, de sorte que la reine ne pourrait pas voler dans cet état. Elle est donc mise au régime par sa cour et ne reçoit plus qu'une portion économique de nourriture. Parallèlement, elle est "forcée de faire de l'exercice", les ouvrières touchant le thorax de la reine avec leurs pattes et produisant des vibrations. La reine doit ainsi courir sur les rayons en guise d'entraînement physique. Ce programme sportif fait perdre à la reine environ 25% de son propre poids et l'empêche de pondre de nouveaux œufs.

Les glandes cirières des butineuses et des autres ouvrières commencent alors à se réactiver sous l'effet de processus hormonaux, de sorte que l'essaim dispose d'un grand nombre d'abeilles constructrices actives qui peuvent alors commencer directement à construire les nouveaux rayons dans le nouvel habitat. Juste avant de partir, les abeilles qui "quittent" la ruche avec l'essaim remplissent leurs alvéoles de miel avec suffisamment de provisions pour survivre au voyage et à la construction de la nouvelle ruche. Le nouvel essaim emporte ainsi environ 500 grammes de miel.

L'extrait

Tous les préparatifs pour l'essaimage sont maintenant en place. Le calme revient juste avant le départ final. Souvent, les abeilles sont suspendues en grappe devant le trou de vol, ce qui vous permet de les repérer facilement. C'est au plus tard à ce moment-là que vous devez avoir pris toutes les dispositions pour réussir à capturer l'essaim, car vous ne pouvez plus l'arrêter à ce moment-là. Lorsque le signal de départ est donné par les abeilles, c'est parti.

Tout dépend donc des abeilles traceuses. Elles déterminent le moment final où le nouvel essaim quittera le nid. Pour déterminer ce moment, les abeilles traceuses font la navette entre l'intérieur et l'extérieur. Elles enregistrent les conditions météorologiques, qui doivent être chaudes et sèches, pour un essaimage réussi et vérifient en même temps le statut des cellules de la reine.

Lorsqu'elles sont prêtes à partir, vous créez une vibration sur les alvéoles à une fréquence de 200 à 250 Hz. Cette fréquence est absolument spécifique à l'essaimage. De plus en plus d'abeilles traceuses de l'essaim se connectent et alertent ainsi les abeilles en attente. La température dans la ruche augmente en même temps que la tension et, finalement, toutes les abeilles traceuses impliquées se mettent à courir (littéralement), entraînant avec elles les ouvrières et la reine - l'essaim, composé des deux tiers des abeilles adultes de la ruche, se lève.

Toutefois, il ne s'agit que d'un vol de courte durée, ce qui vous convient parfaitement en tant qu'apiculteur. L'essaim se pose sur un point proche, généralement en hauteur, comme la branche d'un arbre, et y forme la grappe d'abeilles. Les abeilles sont littéralement accrochées les unes aux autres et attendent. Le temps que l'essaim passe à cet endroit varie de quelques heures à quelques jours. Cela dépend entièrement du temps nécessaire aux abeilles à la recherche d'un nouveau logement approprié. Pendant cette période, l'essaim est très vulnérable. Si le beau temps s'interrompt soudainement, par exemple en cas d'orage estival, l'essaim entier peut en mourir.

Le rayon de recherche des abeilles à traces est d'environ 2 à 3 kilomètres autour de la grappe d'abeilles formée. Une fois qu'une abeille a trouvé une ruche potentielle, elle y retourne et effectue sa danse de la queue. Parfois, quelques abeilles se détachent et explorent également l'habitat choisi. En fin de compte, l'essaim dans son ensemble choisit l'habitat le plus approprié. Une fois la décision prise, les abeilles traceuses activent les autres abeilles de l'essaim en les faisant vibrer et en les poussant, et l'essaim se met en route dans son ensemble vers la nouvelle habitation.

Formation d'un nouveau peuple

L'essaim ne redevient une colonie d'abeilles qu'une fois que l'habitat est occupé, les rayons construits, les premiers œufs pondus et la première récolte effectuée. L'habitat est le point le plus important. Les abeilles préfèrent les cavités d'un volume d'environ 40 litres. Elles doivent être situées à une hauteur de 5 à 6 mètres, avec un petit trou d'entrée orienté vers le sud ou le sud-ouest. Bien entendu, l'intérieur de l'habitat doit être sec et ne pas permettre les courants d'air. Les abeilles aiment colmater les petites fissures et les trous avec de la propolis afin d'éviter les courants d'air.

Une fois installées dans le nid, les ouvrières commencent immédiatement à construire des rayons et à consommer les provisions qu'elles ont emportées de l'ancien nid. Selon le moment où l'essaim s'est envolé, il a plus ou moins de temps pour faire sa première récolte afin d'assurer sa survie. Si le temps se gâte trop rapidement ou si un manque de miellée se fait sentir pour d'autres raisons, les réserves de nourriture peuvent rapidement s'épuiser et l'essaim peut mourir de faim. En règle générale, les essaims qui volent plus tôt dans l'année ont de meilleures chances de survie que ceux qui n'essaiment que fin juillet ou en août, par exemple.

Quelques jours après l'emménagement, la reine recommencera à pondre des œufs dès que les ouvrières auront créé des rayons de couvain et qu'il y aura une réserve de nourriture suffisante pour pouvoir fournir du jus de nourriture aux larves.

Que se passe-t-il dans l'ancien peuple ?
Le premier essaim qui quitte la colonie est souvent appelé "pré-embryon". En fonction de la force de l'ancien essaim restant, un deuxième essaim, beaucoup plus petit, peut se former. On parle alors de post-embryon.

Comme vous le savez déjà, plusieurs cellules de reine ont été créées juste avant l'essaimage, dans lesquelles les reines suivantes se développent. La plupart du temps, le pré-embryon sort avant même que la nouvelle jeune reine n'émerge de sa cellule. Les ouvrières passent ce temps en continuant à faire leur travail.

Lorsque la première jeune reine est prête à éclore, elle émet une vibration particulière depuis l'intérieur de sa cellule de reine. Cela permet de savoir si l'ancienne reine est déjà sortie de la colonie. En tant qu'apiculteur, vous pouvez percevoir ce son, qui ressemble à un coassement, même de l'extérieur de la ruche. Si l'ancienne reine répond, également par un motif de vibration qu'elle produit avec ses muscles de vol, la nouvelle reine sait qu'elle doit encore attendre avant d'éclore et reste dans sa cellule de reine. De temps en temps, elle pose à nouveau la question en vibrant et éclot dès que l'ancienne reine ne lui répond plus - lorsqu'elle a quitté la ruche.

Comme plusieurs jeunes reines sont prêtes à éclore presque en même temps, la reine suivante ne tarde pas à demander à sortir grâce au signal vibratoire. Si la colonie est très forte, un deuxième essaim se formera et quittera également la ruche, ou la nouvelle reine tuera sa rivale dans la cellule de couvain en la piquant. Si plusieurs reines éclosent en même temps, elles se battent entre elles.

Ce sont les ouvrières, et non la nouvelle reine, qui décident de la formation d'un essaim secondaire. Cela dépend uniquement du fait de savoir si la situation de reproduction et les réserves de miel sont encore suffisantes pour diviser la colonie. Si c'est le cas, les ouvrières protègent les reines dans les cellules de la ruche afin que l'autre reine ne puisse pas les tuer. L'essaimage ultérieur se développe. Si les réserves sont insuffisantes, les ouvrières ne protègent pas les reines dans les cellules de la reine et la jeune reine peut éliminer ses rivales.

Comment commencer ?

Dans ce chapitre, vous trouverez un bref aperçu de tous les points importants dont vous devez tenir compte et que vous devez connaître avant d'acheter une ruche. Utilisez cette section comme une sorte de guide ou de liste de choses à faire pour vérifier que vous avez pensé à tout ce qui est important et que vous avez fait tous les préparatifs nécessaires.

N'oubliez pas qu'en pratiquant l'apiculture, vous prenez la responsabilité d'êtres vivants. Les abeilles, à leur manière, demandent autant de soins à certains moments de l'année et vous demandent autant de temps qu'un autre animal domestique. Vous devez donc être conscient que vous serez surtout attaché à vos abeilles au printemps et en été. Pouvez-vous concilier cela avec votre planning de vacances, votre travail et votre famille ? C'est la première question que vous devez vous poser.

Prenez le temps de réfléchir aux questions suivantes afin de savoir si vous êtes prêt à vous lancer dans l'apiculture :

• Avez-vous un lien avec la nature, sa faune et sa flore ?

• Êtes-vous de nature calme et agissez-vous toujours de manière réfléchie et non frénétique ? L'agitation peut effrayer vos abeilles et les amener à vous considérer comme un danger.

• Possédez-vous un certain sens de l'organisation et quelques compétences manuelles pour manipuler le magasin d'abeilles ?

• Êtes-vous prêt et avez-vous le temps de consacrer trois à quatre heures par semaine à vos abeilles ? Vous devrez consacrer ce temps principalement au printemps et à l'été. En automne et en hiver, vous en ferez moins.

• Si vous êtes allergique au venin d'abeille ou si vous avez d'autres problèmes de santé qui vous empêchent d'effectuer les tâches physiques liées à la ruche, vous devriez décider de ne pas élever vos propres abeilles pour protéger votre santé.

AVANT DE COMMENCER

Gérer une colonie d'abeilles de manière rentable nécessite un haut niveau d'expertise que vous ne pouvez pas acquérir uniquement en lisant des livres et des guides. Rien ne remplace les conseils et astuces qu'un apiculteur expérimenté peut vous donner. C'est pourquoi il vaut la peine, au début de votre carrière, de devenir membre d'une association d'apiculteurs et de trouver ce que l'on appelle un parrain apiculteur. Celui-ci peut vous aider avec votre propre colonie ou vous montrer certains gestes sur sa colonie. Vous pourrez ainsi vous familiariser avec les abeilles au début. Vous pouvez voir de près, écouter et sentir tout ce que vous n'avez lu qu'en théorie.

L'association d'apiculteurs de votre région peut également vous fournir de précieuses adresses et des conseils. Vous pourrez peut-être même y emprunter du matériel ou au moins obtenir des adresses et des points de contact où vous pourrez vous procurer tout ce dont vous avez besoin. Votre association peut également vous mettre en contact avec des spécialistes des abeilles, des apiculteurs spécialement formés. Enfin, l'association vous offre également la possibilité d'obtenir un parrain apiculteur. Cet apiculteur expérimenté vous accompagnera dans les deux ou trois premières années de votre activité apicole et sera toujours là pour vous et vos abeilles.

QUEL EST LE MEILLEUR MOMENT POUR DÉMARRER ?

Les abeilles étant des animaux à activité saisonnière, le moment du démarrage est assez fixe. En fonction de la manière dont vous acquérez vos premières abeilles, le bon moment sera également donné.

Le plus simple pour vous est d'acheter un ou plusieurs essaims à un apiculteur expérimenté. Les essaims sont formés par l'apiculteur en divisant une colonie forte et en la réduisant ainsi. L'avantage d'un rejeton est que les colonies se développent lentement et que vous ne risquez pas d'avoir bientôt un essaim sans abri dans votre jardin. Cependant, vous ne pouvez pas encore récolter de miel d'un petit essaim lors de votre première année. La colonie grandit lentement et fait des réserves pour passer l'hiver. Au cours de votre deuxième année, votre colonie aura atteint la taille d'une colonie de production et vous pourrez vous attendre à une récolte de miel abondante. Bien sûr, vous pouvez aussi obtenir votre première colonie d'abeilles en capturant un essaim - mais vous ne devez vraiment le faire qu'en collaboration avec un apiculteur expérimenté, sinon vous vous mettez en danger et vous mettez l'essaim en danger.

Un apiculteur expérimenté, ou si vous avez le soutien très proche d'un apiculteur très expérimenté, peut également acheter une colonie de production directement en avril. Ces colonies fortes ont l'avantage de permettre une récolte de miel dès la première année après l'achat. Cependant, vous devez connaître les mesures à prendre pour éviter l'essaimage, afin que votre colonie ne se mette pas rapidement à l'abri.

De plus en plus souvent, les peuples sont également proposés dans le cadre d'une remise. L'avantage est que vous pouvez souvent reprendre les ustensiles et l'équipement sans devoir les acheter à nouveau. La saison joue ici un rôle particulier, à savoir si vous pouvez déplacer les colonies la même année ou s'il est plus intelligent de les laisser passer l'hiver à l'endroit habituel. Reprendre une succession n'est donc également recommandé qu'aux apiculteurs expérimentés.

Avant que vos abeilles ne s'installent chez vous, vous devez avoir acheté plusieurs choses. Il s'agit notamment de l'habitat pour vos abeilles, mais aussi de votre équipement de protection personnelle.

Les ruches

La ruche est le terme technique désignant l'habitat de vos abeilles. Il existe des différences régionales entre les formes d'apiculture, la plus répandue étant l'apiculture en magasin. Les autres formes d'élevage sont : Stulper, Ruche et Rucher. Dans le cas de la ruche, il n'est pas possible de récolter du miel, cette forme convient uniquement à l'élevage des abeilles. La ruche à cadres est une ruche verticale.

Les ruches individuelles ont un fond sur lequel vous pouvez placer autant de cadres que vous le souhaitez, un peu comme un jeu de construction que vous pouvez étendre vers le haut à volonté. Les cadres sont des cadres en bois dans lesquels vous suspendez les cadres que les abeilles utilisent pour construire les rayons. Un couvercle est placé sur le cadre supérieur pour fermer l'ensemble. L'un des avantages de la ruche-magasin est que vous pouvez empiler autant de cadres que vous le souhaitez et créer ainsi un meilleur espace ou réduire l'espace disponible en fonction de la taille de votre colonie, ce qui peut être utile en automne par exemple. Les ruches peuvent être en bois ou en polystyrène. Les ruches en bois sont les plus courantes, car elles sont plus écologiques que les ruches en polystyrène.

A l'intérieur des cadres sont suspendus les cadres en bois dont nous avons déjà parlé et que les apiculteurs aiment appeler des cadres. Les cadres sont l'espace que les abeilles remplissent de rayons. Pour stabiliser les rayons et faciliter la tâche des abeilles, les cadres sont souvent tendus avec de fins fils de fer ou même avec une paroi centrale que vous, en tant qu'apiculteur, pouvez définir, de sorte que les abeilles puissent placer leurs rayons de chaque côté de cette paroi centrale. Vous facilitez ainsi la construction pour les abeilles, car vous leur donnez déjà une partie de la cire.

Ce n'est que grâce aux cadres amovibles qu'une récolte de miel est possible, car les cadres peuvent être extraits.

Le site

L'emplacement de votre ruche doit être stable et protégé du vent. Nous avons déjà mentionné plus haut que les abeilles préfèrent un emplacement en hauteur, veillez donc à ne pas placer votre colonie dans une dépression et ne posez jamais les ruches directement sur le sol. Utilisez des palettes ou d'autres plateformes pour placer les ruches en hauteur.

Les trous d'envol doivent idéalement être orientés vers le sud ou le sud-ouest et la zone située juste devant le trou d'envol doit être aussi libre et peu utilisée que possible. Un espace libre d'environ trois mètres de diamètre a fait ses preuves. Il existe des recommandations sur l'espace approximatif que doit avoir votre terrain ou l'emplacement des abeilles : 100 mètres carrés par colonie d'abeilles. Bien entendu, cela est souvent impossible à respecter, surtout en ville. Pensez donc à vos voisins ! Afin d'éviter tout mécontentement, il est recommandé de convenir de l'emplacement avec les voisins concernés. Soyez ouvert aux inquiétudes de vos voisins, aux craintes pour les enfants ou aux éventuelles allergies au venin d'abeille. S'il y a des réserves qui ne peuvent pas être levées, vous devriez chercher un autre emplacement et éventuellement envisager un jardin ouvrier.

Dans certaines zones, appelées zones protégées ou zones interdites, l'apiculture n'est pas autorisée. Renseignez-vous au préalable auprès des autorités compétentes afin d'éviter les avertissements ou les conditions strictes.

TRANSPORT DES ABEILLES

Le transport des abeilles s'effectue en principe dans la ruche. Il s'agit d'un processus très délicat qui, s'il n'est pas effectué par un spécialiste, peut entraîner la mort de toute la colonie. Faites donc attention aux éléments essentiels lors du transport et, en cas de doute, demandez l'aide d'un apiculteur expérimenté.

La mort pendant le transport est due à l'échaudage. Cela se produit lorsque la colonie d'abeilles surchauffe à l'intérieur de la ruche. Si la température augmente, les abeilles augmentent leur activité et battent des ailes pour refroidir la colonie. Vous avez toutefois fermé le trou d'envol au préalable afin d'éviter de perdre des abeilles pendant le trajet ou de les laisser s'échapper dans votre propre voiture pour vous attaquer.

Or, l'air frais ne peut pas pénétrer dans la ruche, car le trou d'envol est fermé. L'activité des abeilles entraîne donc l'effet inverse : il fait de plus en plus chaud. Cela est fatal pour les rayons de cire, qui perdent leur stabilité avec l'augmentation de la température et finissent par se fissurer. Le miel mûr et non mûr s'égoutte de manière incontrôlée et les corps sensibles des insectes se retrouvent collés. C'est généralement l'arrêt de mort de toute la colonie.

Ne transportez donc vos abeilles que les jours suffisamment frais. Pour préparer le transport, fermez soigneusement le trou d'envol avec de la mousse. Pour ne pas exclure une abeille de la ruche et l'oublier à son ancien emplacement, ne le faites qu'en dehors des périodes d'inondation : donc tôt le matin, tard le soir ou un jour de pluie. Veillez à ce que les ruches soient très bien arrimées dans la voiture, dans la remorque ou sur le plateau de chargement à l'aide de sangles et d'autres mesures, de sorte que rien ne puisse glisser ou se renverser. Une fois que vous êtes arrivé à l'emplacement souhaité et que la ruche est en place de manière satisfaisante, retirez la mousse du trou de vol et éloignez-vous rapidement. Les abeilles n'aiment pas le transport et peuvent réagir de manière agaçante et agressive.

Donnez à vos abeilles quelques jours pour s'installer et se familiariser avec leur nouvel environnement. Profitez également de ce temps : observez et apprenez à connaître vos abeilles. Au cours de ces premiers jours, vous pouvez observer de nombreuses abeilles qui laissent des traces et des abeilles qui butinent au trou d'envol pour répandre l'odeur de la ruche. Après quelques jours, vous pouvez ouvrir la ruche avec précaution pour la première fois et observer votre abeille de l'intérieur. Que pouvez-vous voir ? N'hésitez pas à utiliser les connaissances de votre parrain ou marraine apiculteur et demandez-lui de vous expliquer ce que vous voyez.

Demander un certificat de santé - la paperasserie nécessaire

Veuillez noter qu'un certificat sanitaire est nécessaire pour le déplacement d'une colonie d'abeilles au-delà des frontières du district. Cette obligation est définie dans le décret sur les maladies des abeilles et a pour but de garantir que seules les colonies saines sont déplacées. Cela permet d'éviter la propagation de la loque américaine.

Vous devez également déclarer votre activité apicole à l'office vétérinaire compétent pour votre district, en présentant une copie de ce certificat sanitaire. Dans certains Länder, en plus de cette déclaration, vous devez également déclarer votre élevage auprès de la caisse d'assurance maladie compétente. L'association d'apiculteurs de votre région peut vous indiquer exactement ce que vous devez faire et où vous devez vous déclarer.

Il est également utile de souscrire une assurance responsabilité civile pour les abeilles. Souvent, cette assurance est incluse dans l'adhésion à l'association d'apiculteurs. Si ce n'est pas le cas, les personnes qui y sont responsables peuvent vous indiquer précisément ce que vous devez faire.

L'apiculteur

Il y a environ 600.000 colonies d'abeilles en Allemagne. L'apiculteur moyen est un homme âgé de 57 ans. Ce dernier, au moins, est en train de changer ces dernières années. L'apiculture a longtemps été considérée comme un hobby pour "les grands-pères et les vieux", ce qui, heureusement, n'est plus le cas de nos jours. De plus en plus de jeunes et de femmes trouvent du plaisir à pratiquer l'apiculture et l'élevage des abeilles. Mais qu'est-ce qui caractérise l'apiculteur et de quoi a-t-il besoin pour pratiquer son hobby avec succès ?

Jusqu'aux 18e et 19e siècles, les colonies d'abeilles sauvages ont été exploitées par l'homme. Ici, les rayons étaient simplement découpés, la survie de la colonie était secondaire. Aujourd'hui, la valeur de chaque colonie d'abeilles est largement reconnue. Le service de pollinisation fourni par les abeilles est souhaitable et la survie et la santé de chaque colonie d'abeilles sont de plus en plus au cœur de l'apiculture. Le miel n'est récolté que s'il ne nuit pas aux abeilles.

QU'EST-CE QUE JE DOIS FAIRE EN TANT QU'APICULTEUR ?

Les colonies sauvages présentent deux comportements qu'un apiculteur souhaite éviter chez sa colonie.

> **1.** Il y a régulièrement des essaimages, car la colonie ne cesse de s'agrandir.
>
> **2.** Après quelques années, l'habitat actuel est complètement abandonné et un nouveau foyer propre est recherché afin d'éviter une forte pollution et une infestation parasitaire.

En tant qu'apiculteur, il est de votre devoir d'empêcher ce comportement. En conséquence, vous assumez la responsabilité de maintenir la ruche propre et de lutter efficacement contre les maladies.

Chambre à couvain et miellerie

Dans l'apiculture en magasin, il est possible de séparer physiquement la chambre à couvain d'une zone utilisée exclusivement pour le stockage du miel : la chambre à miel. Pour ce faire, vous pouvez insérer une grille. Cette grille est si fine que la reine ne peut pas la traverser. Les ouvrières peuvent continuer à passer et utilisent les rayons créés dans la miellerie uniquement pour stocker le miel.

Si votre colonie s'agrandit fortement au printemps, installez un autre cadre de couvain. Vous donnez ainsi à votre colonie la possibilité de s'agrandir et d'emmagasiner plus de nourriture. Vous éviterez ainsi l'essaimage et la récolte de miel.

Reproduction contrôlée

Un peuple ne vit pas éternellement. Elle finit par mourir, quelle que soit la qualité de votre gestion. Pour préserver l'abeille mellifère en tant qu'espèce, il est donc indispensable que vous vous occupiez de la reproduction de votre colonie. Pour éviter un essaimage incontrôlé, formez des rejets à partir de votre propre colonie.

Pour cela, vous avez besoin d'une ruche vide. Prélevez plusieurs rayons de couvain de la colonie existante, ajoutez des rayons vides et des cadres avec des parois centrales sur lesquelles les abeilles constructrices peuvent créer de nouveaux rayons. Placez cette construction dans la nouvelle ruche. Les abeilles accrochées aux rayons prélevés sont également transférées et constituent le rejeton de la colonie.

Promouvoir l'hygiène : Hygiène des rayons

Des agents pathogènes s'accumulent dans la cire des anciens rayons. C'est la raison pour laquelle les abeilles quittent leur ancienne ruche au bout d'un certain temps pour s'y installer à nouveau. Pour éviter cela en tant qu'apiculteur, il est nécessaire de retirer de temps en temps les vieux rayons de la ruche. Vous incitez ainsi vos abeilles à construire de nouveaux rayons, qui présentent à nouveau un meilleur statut hygiénique.

Alimentation

Dans de rares cas, il existe des élevages amateurs d'abeilles qui n'ont pas pour objectif d'extraire du miel. Cependant, la plupart des apiculteurs souhaitent prélever le miel de leurs abeilles et l'utiliser à des fins commerciales ou pour leur propre consommation. En prélevant le miel, vous privez votre colonie de sa base vitale : les réserves de nourriture. Il est donc de votre responsabilité d'effectuer des nourrissages hivernaux et des nourrissages d'urgence en cas de miellée déficiente afin de garder vos abeilles rassasiées et en bonne santé.

HOBBY - OU PROFESSION ?

Il existe plusieurs notions qui diffèrent selon que vous pratiquez l'apiculture en tant que loisir ou à des fins commerciales. Si vous êtes un apiculteur purement amateur, vous pratiquez l'apiculture dans votre propre jardin. Vous ne poursuivez pas de but commercial, vous n'avez pas besoin de déclarer un commerce.

On parle d'apiculture lorsque l'on pratique l'apiculture à titre commercial. Vous êtes alors qualifié d'apiculteur professionnel ou d'apiculteur à temps partiel et votre objectif est de gagner de l'argent avec vos abeilles, peut-être même à temps plein. Il ne suffit pas de posséder cinq colonies d'abeilles. Les apiculteurs professionnels possèdent en moyenne entre 50 et 500 colonies d'abeilles.

En tant qu'apiculteur, vous vous consacrez entièrement à l'élevage de l'abeille mellifère. Vous ne produisez pas de miel, mais vous vous occupez uniquement de la reproduction.

Il existe une formation professionnelle reconnue pour les apiculteurs, qui dure trois ans et se termine par un examen de compagnon. L'appellation officielle est "apiculteur".

L'ÉQUIPEMENT DE L'APICULTEUR

L'équipement nécessaire à l'apiculture peut être divisé en deux catégories : l'équipement nécessaire à l'élevage des abeilles et à la manipulation de la colonie, et l'équipement nécessaire à l'extraction et à la transformation du miel.

Ce livre vous présente l'équipement pour l'apiculture en magasin. Cette forme d'apiculture est la plus répandue aujourd'hui en Allemagne. Il s'agit d'une ruche mobile. Dans les ruches mobiles, les rayons sont construits sur des cadres que vous pouvez accrocher à la ruche avec les cadres et que vous pouvez également retirer. Dans ce type d'apiculture, le miel peut être extrait par centrifugation et ne contient pratiquement pas de cire. En revanche, dans la ruche dite stable, les abeilles fixent les rayons dans la ruche. Dans ce cas, vous ne pouvez pas simplement retirer les rayons. Ils doivent donc être coupés pour l'extraction du miel. Vous broyez ensuite les rayons et obtenez le miel en le pressant et en l'égouttant. C'est pourquoi le miel ainsi obtenu porte le nom de "miel de ruche" : Miel pressé ou Miel en gouttes. Dans ces formes de miel, la quantité de cire est plus importante, ce qui modifie considérablement le goût.

Les ruches stables présentent une autre différence notable et un inconvénient majeur par rapport aux ruches mobiles, ce qui les rend inappropriées pour les apiculteurs inexpérimentés. Vous n'avez qu'une vue limitée de l'extérieur de votre colonie, ce qui vous permet de détecter les maladies et autres problèmes beaucoup plus tard qu'avec une ruche mobile.

Ruche à chargeur

Il existe différentes ruches à magasins, principalement en raison de la taille variable des cadres utilisés. Renseignez-vous au préalable sur la taille des cadres en usage dans votre région. Cela vous facilitera l'achat de matériel par la suite.

Vous pouvez bien sûr choisir librement la taille de vos cadres, vous pourriez même les construire vous-même. Cependant, pour faciliter le travail, il est conseillé de s'en tenir aux dimensions standard.

Un cadre constitue une couche dans la ruche magasin que vous pouvez remplir de 6 à 12 cadres, mesurés en fonction des dimensions des cadres. Il existe également des cadres spéciaux en fonction de l'utilisation prévue. Les demi-cadres, par exemple, sont deux fois moins hauts et peuvent accueillir des cadres à mi-hauteur. Vous pouvez utiliser ces demi-châssis comme miellerie, par exemple. Il existe également des cadres de nourrissement, spécialement conçus pour le nourrissement hivernal, que vous pouvez remplir de nourriture liquide. Le fond de la ruche à cadres est généralement muni d'une grille pour assurer un bon échange d'air. Sous cette grille, vous pouvez glisser une garniture de fond pour une fermeture hermétique.

Les cadres

Les cadres sont généralement tendus avec du fil de fer pour que les abeilles aient plus de facilité à construire les alvéoles. Cela présente un autre avantage : les rayons sont plus stables lors de l'essorage et ne se cassent pas facilement. Les cadres sont suspendus dans les ruches-magasins. Pour ce faire, le support supérieur, la barre supérieure du cadre, est plus long d'environ un centimètre de chaque côté. Ces "nez" permettent de reconnaître très facilement la bonne utilisation et le bon accrochage.

Les dimensions des cadres sont parfois très différentes les unes des autres et vous devez savoir exactement de quelle taille de cadre vous avez besoin avant d'acheter. Cela s'applique également à l'achat et à la vente de boutures, car celles-ci sont achetées avec des cadres.

Dans le tableau suivant, vous trouverez quatre dimensions habituelles comparées. Le tableau décrit la hauteur normale des cadres. Comme nous l'avons déjà mentionné, il existe également des cadres à mi-hauteur, par exemple pour la miellerie.

Cote	Largeur en cm	Hauteur en cm	Surface alvéolaire en cm^2
Mesure normalisée allemande	37	22,3	700
Mesure du sandre	42	22	764
Incubateur Dadant	43,5	28,5	1096
Chambre de miel Dadant	43,5	14,5	522

Le matériau des cadres est généralement de l'épicéa ou du pin, mais il existe également des cadres en bois de hêtre, plus dur. Le fil utilisé est en acier inoxydable qui résiste au traitement à l'acide formique contre les varroas sans se corroder.

Il y a idéalement une distance de 35 millimètres entre les parois centrales des cadres, c'est-à-dire entre le milieu d'un rayon et le milieu du rayon suivant. Cet espace est appelé espacement des rayons. Entre les rayons se trouve le couloir dont les abeilles ont besoin pour pouvoir se déplacer sur les deux rayons sans être dérangées. Cet espace est appelé allée en nid d'abeille. Si l'allée est trop large, vos abeilles risquent d'y créer un nid d'abeilles supplémentaire. Comme ce rayon n'est pas fixé à un cadre, mais est en contact direct avec les parois latérales des cadres, vous ne pouvez pas simplement retirer le rayon, mais vous devez le couper, comme pour la construction stable.

Pour maintenir l'espacement, vous pouvez maintenant fixer des blocs de bois ou d'autres entretoises sur les cadres, de sorte que vous sachiez toujours exactement quel est l'espacement idéal. Vous pouvez également utiliser les pièces latérales Hoffmanns. Ces pièces latérales sont utilisées pour les baguettes latérales des cadres et sont élargies de manière à ce que les cadres se touchent directement et que l'écart idéal soit ainsi défini.

La paroi centrale

Vous avez déjà rencontré le panneau central. Il s'agit d'une plaque de cire prédéfinie qui stabilise les rayons, facilite la construction pour les abeilles et réduit les ruptures de rayons lors de l'essorage. Vous pouvez soit fabriquer vous-même votre paroi centrale si vous avez déjà pu extraire votre propre cire de votre colonie, soit acheter les parois centrales. Il existe plusieurs parois de différentes dimensions, fabriquées soit par laminage, soit par moulage. Certains d'entre eux sont certifiés sans substances nocives.

Pour relier les parois centrales au fil de fer de vos cadres, posez-les à plat sur le fil de fer et faites chauffer le fil de fer en y faisant passer un courant électrique. Ainsi, la cire fusionne localement avec les fils.

Si vous ne souhaitez pas utiliser de parois centrales, il s'agit alors d'une construction en nid d'abeilles naturel. La plupart du temps, les cadres sont tout de même câblés, mais il existe aussi une variante qui consiste à mettre les cadres à la disposition des abeilles sans aucun fil. C'est souvent le cas dans l'apiculture biologique. Les cadres sont présentés aux abeilles comme ce que l'on appelle des cadres vides. Vous devez également présenter des cadres vides à vos abeilles pour la mise en place de cellules de faux-bourdons dans le nid à couvain.

La construction sauvage de rayons n'est généralement pas souhaitable, car vous ne pouvez alors pas récolter le miel par extraction. Dans certaines formes d'apiculture, comme l'apiculture de bruyère, la construction sauvage est délibérément privilégiée.

Si vous avez des ruches à magasins, il est préférable d'empêcher la construction de ruches sauvages. Vous pouvez le faire en maintenant un espacement précis entre les cadres. Il peut y avoir une construction sauvage de rayons dans l'espace libre au-dessus du dernier cadre, sous le toit de la ruche. Pour éviter cela, recouvrez le cadre supérieur d'un matériau imperméable. Il peut s'agir d'un film, d'une gaze ou d'un matériau similaire. La gaze a l'avantage d'être perméable à l'air et d'éviter que l'humidité ne s'accumule dans la ruche. Dans le cas du film plastique, cette humidité peut, en cas de doute, entraîner la formation de moisissures, ce que vous devez absolument éviter.

La combinaison d'apiculteur
Les abeilles mellifères actuelles sont nettement plus douces que les abeilles sauvages et permettent à un apiculteur expérimenté de travailler sans gants ni protection

faciale. Si vous êtes encore inexpérimenté dans la manipulation ou si vos abeilles se trouvent justement dans une période de miellée, il est recommandé de toujours travailler en tenue de protection complète, car les abeilles défendent leurs réserves avec véhémence, surtout en cas de pénurie alimentaire.

La combinaison d'apiculteur est aérée, mais hermétiquement fermée. Elle couvre entièrement les bras et les jambes et est fabriquée dans un tissu blanc et rugueux. Les poignets sont idéalement munis d'élastiques ou de dispositifs similaires qui vous permettent de varier la largeur afin que le vêtement soit bien ajusté et ne permette pas aux abeilles de s'y glisser.

Cachez vos cheveux sous un chapeau ou une casquette entourée d'un voile assorti afin de protéger votre visage et votre cou sensible des abeilles. Vous éviterez ainsi que les abeilles ne se prennent dans vos cheveux et ne vous piquent par panique.

Vos pieds sont enveloppés dans des chaussures de travail fermées à mi-hauteur et vos mains sont protégées par des gants à manchettes longues et ajustées.

Vêtements pour le traitement du miel
Vous manipulez des aliments au moment où vous retirez les rayons pour extraire le miel. Vos vêtements doivent donc être propres et complets. Vos cheveux doivent être disciplinés sous un couvre-chef, par exemple un filet à cheveux, et vos vêtements de tous les jours doivent être remplacés par une combinaison ou une blouse. Travaillez

toujours de manière hygiénique.

Fumoir

Comme pour tous les êtres vivants, un incendie est un signal d'alarme pour les abeilles. Elles se préparent à quitter précipitamment la ruche si le feu se rapproche. C'est pourquoi l'odeur de la fumée incite les abeilles à revenir sur les rayons et à remplir leur alvéole de miel.

Vous pouvez tirer parti de ce comportement avec un fumoir pour calmer brièvement les colonies agitées et pouvoir effectuer des travaux. Autrefois, la fumée était produite à l'aide de la pipe d'apiculteur, également appelée pipe de Dathe. Le nom de la pipe Dathe vient de l'apiculteur Dathe, qui l'a utilisée pour la première fois et en a décrit l'usage. Aujourd'hui, on utilise presque exclusivement le fumoir, qui produit un volume de fumée plus important et est plus bénéfique pour la santé de l'apiculteur que la pipe.

> Assurez-vous d'acheter un fumoir qui brûle avec un diamètre de dix centimètres. L'expérience montre que les fumoirs plus petits fonctionnent de manière moins fiable.

Les matériaux utilisés pour alimenter votre fumoir sont, par exemple, des copeaux de bois, du foin, des petites branches avec des feuilles sèches, des herbes, des copeaux de bois secs et d'autres matériaux similaires facilement combustibles. Pour allumer le feu, utilisez du papier journal ou du carton à œufs. Ajoutez ensuite des copeaux de bois fins ou des copeaux de bois pour renforcer le feu, puis empilez les matériaux plus grossiers.

Après avoir utilisé votre fumoir, il est de bonne pratique apicole de jeter et d'éteindre les braises de manière responsable afin de ne pas provoquer d'incendie.

Alternative au fumoir : l'atomiseur

L'eau a un effet similaire à la fumée sur les abeilles. Bien qu'elles ne se préparent pas à fuir, elles deviennent inertes et restent sur les rayons au lieu de s'envoler agressivement et de vous attaquer. Lorsque vous utilisez un vaporisateur d'eau, veillez à ne pas refroidir vos abeilles, ne l'utilisez donc que les jours vraiment chauds. Les rayons de miel attirent l'eau, c'est pourquoi il n'est pas recommandé d'utiliser le diffuseur pendant la récolte du miel.

Nid d'abeille

Une ruche en nid d'abeille est une boîte rectangulaire dans laquelle vous pouvez accrocher des rayons retirés de la ruche afin de les examiner, d'observer les abeilles ou d'effectuer des travaux sur la colonie. Un support en nid d'abeille vous permet ainsi de ne pas avoir à déposer les rayons au sol, ce qui peut facilement entraîner des salissures. Les supports en aluminium sont les plus répandus et vous pouvez les acheter en fonction des dimensions des cadres. Il est ouvert en haut et sur un côté, possède un fond fixe et trois parties latérales fixes. Si les rayons se trouvent à l'extérieur du corps de ruche, veillez toujours à ne pas perdre la reine par accident !

Ciseau à bois

Votre outil universel en tant qu'apiculteur est le ciseau à bois. Il s'agit d'un ciseau plat, généralement en acier à ressort, avec une extrémité pliée à angle droit et une arête affûtée comme une lame à l'autre extrémité.

Le ciseau à ruche est utile pour défaire les adhérences. Vos abeilles mastiquent et font pousser tout le terrier ensemble. En cas de doute, il faut donc enlever la propolis et la cire avec le ciseau à ruche. Il vous sera surtout utile pour les cadres ou les cadres collés. En cas de construction sauvage de rayons, vous pouvez les couper avec le ciseau à ruche et les retirer.

Balai d'abeilles

Si vous souhaitez retirer des rayons pour en extraire le miel, vous devez ramener les abeilles qui s'y trouvent dans la ruche. Il n'est pas recommandé de retirer les abeilles du rayon pour une raison simple : le miel gicle, vous le perdez et vos abeilles sont collées. C'est pourquoi il existe ce que l'on appelle un balai ou un balai à abeilles. Pour garantir un travail hygiénique, celui-ci est composé de poils en plastique doux qui ne peuvent pas blesser les abeilles. Avec le temps, vous développerez votre propre technique pour balayer les abeilles des rayons. Veillez simplement à ne pas blesser vos abeilles, procédez en douceur et de manière réfléchie.

Si vous souhaitez retirer plusieurs rayons, il est recommandé de ne pas retourner les abeilles directement dans la ruche, car elles pourraient se poser sur le rayon suivant et être balayées plusieurs fois par vous - ce qui rendrait les abeilles irascibles et agressives. Au lieu de cela, vous pouvez balayer les abeilles dans un bac ou un seau et, après avoir retiré tous les rayons, les reverser ensemble avec précaution dans la ruche.

Eau

L'un des ustensiles les plus importants pour l'apiculteur est l'eau fraîche. Vous travaillez avec du miel et tous les enfants le savent : le miel est collant. Pour travailler de manière hygiénique, vous devez nettoyer régulièrement vos ustensiles, vos mains et vos gants des résidus collants. C'est également l'une des raisons pour lesquelles les balais en plastique sont particulièrement adaptés au travail avec les abeilles.

La colonie d'abeilles au cours de l'année

Les variations de la durée du jour sont absolument identiques chaque année. Les heures suivent un schéma fixe que rien ne peut modifier. Les conditions météorologiques ne sont pas aussi fiables et dépendent de nombreux facteurs. L'année apicole ne commence pas chaque année le même jour ou la même semaine, mais s'oriente de manière flexible en fonction des conditions météorologiques et de l'arrivée du printemps. Celui-ci est non seulement différent chaque année, mais il varie également d'une région à l'autre. Dans les régions plus méridionales, le printemps commence plus tôt que dans les régions plus septentrionales et plus élevées. Ne vous fiez pas au calendrier, mais à vos yeux et à la nature pour savoir quand vos abeilles s'activent.

Il est recommandé à un apiculteur de se familiariser avec le calendrier phénologique. La phénologie décrit les phases de croissance et les phénomènes de développement dans la nature qui se répètent périodiquement au cours de l'année. Le calendrier phénologique définit donc dix saisons, qui peuvent être définies par les événements naturels qui se produisent à un moment donné. Les plantes indicatrices de phénologie, dont la période de floraison caractéristique sert de référence à la phénologie, sont particulièrement importantes à cet égard.

LE DÉBUT DU PRINTEMPS

Les premières journées chaudes, souvent en février ou mars, annoncent le début du pré-printemps. L'activité de la ruche augmente alors et tous les coins et recoins se préparent à la nouvelle saison de reproduction. Les abeilles préparent les cellules de couvain, la reine prend son élan.

Les abeilles effectuent ce que l'on appelle des vols de nettoyage dès que la température de l'air atteint douze degrés Celsius. Pour garder la ruche propre, les abeilles ne déposent pas de fientes à l'intérieur. Au lieu de cela, elles les recueillent dans leur vésicule fécale et profitent maintenant des premiers jours chauds pour se débarrasser de ce poids.

Les butineuses s'activent elles aussi et s'acquittent de leur tâche : assurer le ravitaillement de la colonie. Les fleurs précoces fournissent du nectar et du pollen à la colonie d'abeilles. Les espèces pollinisées par le vent, comme le noisetier et l'aulne, fournissent maintenant une grande quantité de pollen pour couvrir les besoins en protéines de la colonie. Les chatons de saule en fleurs sur les espèces de saules indigènes ainsi que les fleurs de l'onagre et de l'aulne noir fournissent un nectar abondant.

PRINTEMPS

Dès que le prunellier et le cormier sont en pleine floraison, le printemps est arrivé. Les arbres fruitiers se joignent alors les uns après les autres : fleurs de cerisier, fleurs de prunier, poirier, suivis par les érables.

Si les pommiers, les lilas et les marronniers fleurissent enfin, nous sommes en plein printemps. C'est à ce moment-là que la dernière abeille de la ruche est activement au travail.

La colonie commence à se développer et à produire de la nourriture. Pour introduire la première miellée de masse en quelques semaines, une colonie doit disposer de 30.000 à 35.000 ouvrières. Durant cette période, c'est donc surtout la reine, sa cour et les abeilles nourricières qui sont sollicitées pour faire passer les larves rapidement et en bonne santé à travers la métamorphose. Dans la ruche, les dernières abeilles d'hiver se mêlent maintenant à la première génération d'abeilles d'été.

DÉBUT DE L'ÉTÉ

Son début est indiqué par la floraison des graminées locales, du robinier, du sureau noir et de l'aubépine. Pour l'apiculteur, il s'agit maintenant de bien faire attention. Si le printemps a été riche en miellée, les cadres à disposition de la colonie sont généralement remplis et l'espace dans la ruche devient étroit. C'est à vous de faire en sorte que vos abeilles aient suffisamment d'espace pour éviter l'essaimage. Mais comment pouvez-vous empêcher efficacement votre colonie d'essaimer ? Vous le faites en prélevant des ressources de manière ciblée : vous récoltez votre premier miel ! Vous pouvez également former des rejets à ce moment-là si la colonie est forte et en bonne santé. Ces processus sont appelés "écrémage de la colonie" et sont nécessaires pour empêcher efficacement l'essaimage.

PLEIN ÉTÉ

Les plantes indicatrices du début du plein été sont le tournesol et le tilleul d'été. Les abeilles qui vivent dans des zones agricoles fortement exploitées sont généralement confrontées à un manque de miellée, car les récoltes de masse dans les champs sont généralement toutes terminées. Les abeilles urbaines connaissent rarement ce type de pénurie de miellée, car il y a suffisamment de plantes ornementales dans lesquelles elles peuvent se servir, du moins dans les parcs et certains jardins de devant.

Au milieu de l'été, il peut y avoir des récoltes de miellat pur. Mais cela ne peut pas être prédit ou planifié, car en tant qu'apiculteur, vous ne pouvez absolument pas influencer le développement de la population de pucerons.

La colonie elle-même se prépare maintenant lentement à l'approche de l'hiver. L'intensité du couvain diminue et il n'y a plus de croissance. Au lieu de cela, la colonie stocke le miel - ce qui est un bon moment pour vous, en tant qu'apiculteur, pour effectuer la deuxième récolte de miel. Pour cela, retirez la miellerie. Il est important de ne pas la remettre en place après la récolte du miel. Vous réduisez délibérément la taille de la ruche.

Au milieu de l'été, il est très rare d'obtenir un miel monovariétal. Au lieu de cela, vous pouvez vous attendre à une surprise gustative qui peut varier en fonction des fleurs que vos abeilles ont butinées. La situation est différente dans les régions de bruyère, par exemple.

Ces zones sont également appelées zones de miellée tardive. Ici, les plantes à floraison tardive donnent lieu à une miellée de masse, ce qui permet d'obtenir un miel monovariétal. D'autres exemples, en plus de la bruyère, sont les sapins de la Forêt Noire - en cas d'infestation par des pucerons. Ici, une miellée pure peut être produite. Dans ces régions, la récolte de miel est repoussée un peu plus tard dans l'année afin de pouvoir profiter pleinement des sources de miellée.

FIN DE L'ÉTÉ

La fin de l'été commence de manière assez fiable vers la fin du mois d'août. Les pommes et les prunes sont maintenant mûres. Dans la colonie d'abeilles, toute l'attention est maintenant portée sur le stockage des provisions pour l'hiver. Aucun nouveau nid à couvain n'est fondé, mais tous les rayons libres sont utilisés pour le stockage du miel. Plus la colonie est grande, plus elle a besoin de réserves, c'est pourquoi il est bon signe que votre colonie ait tendance à diminuer à l'approche de l'hiver. A ce stade, vous ne pouvez guère observer de bourdons dans la colonie.

La fin de l'été est le moment idéal pour lutter contre l'acarien Varroa dans votre ruche. Cet acarien s'est répandu sur presque toute l'Europe et il est difficile de trouver une colonie d'abeilles qui ne l'ait pas. Le printemps et l'été lui ont permis de se multiplier dans la ruche et il devient maintenant un problème de santé publique.

DÉBUT DE L'AUTOMNE

Désormais, les abeilles ne sortent plus pour butiner. Elles restent dans leur ruche et vivent exclusivement des réserves qu'elles ont accumulées jusqu'à présent. Afin d'en consommer le moins possible, les abeilles cessent complètement de couver. Les abeilles qui vivent maintenant dans la ruche sont ce que l'on appelle les abeilles d'hiver, qui survivent jusqu'au printemps suivant pour assurer l'approvisionnement de la reine.

Dans certaines régions où l'on cultive beaucoup de radis oléagineux et de moutarde blanche, ces plantes peuvent fleurir en automne. Si c'est le cas dans votre région, cela peut fortement perturber vos colonies d'abeilles. Au lieu de se reposer et de se préparer à l'hiver, elles s'envolent pour récolter du butin.

AUTOMNE ET HIVER

Le plein automne est indiqué par les châtaignes qui tombent maintenant des arbres à maturité. Les fruits du cognassier et les noix sont également prêts à être récoltés. La transition vers la fin de l'automne se fait en douceur.

Les abeilles ne volent plus maintenant. Comme il n'y a aucune perspective de miellée, les vols sont une perte de temps et d'énergie. Les jours plus chauds, les abeilles sortent tout au plus brièvement pour "aller aux toilettes", c'est-à-dire pour vider leur vésicule fécale. Leur tâche principale est de garder la reine au chaud et de réchauffer la ruche. Jusqu'au printemps suivant, une colonie consomme pas moins de 20 kilos de réserves. Pendant cette période, votre colonie d'abeilles est très vulnérable et vulnérable aux prédateurs. Les petits mammifères, comme les musaraignes, peuvent s'introduire dans les ruches, tout comme les petits oiseaux. Les pics peuvent faire des trous dans les ruches en bois et d'autres animaux peuvent également endommager les cadres en bois. Chaque trou, chaque fissure représente une perte de chaleur significative que les ouvrières ne pourront pas compenser en cas de doute. La colonie mourra de froid.

Les acariens Varroa représentent également un danger pendant cette période. Ils affaiblissent les abeilles en suçant l'hémolymphe. Les animaux affaiblis sont moins aptes à travailler, ont besoin de plus de nourriture et sont plus sensibles aux maladies transmises par l'acarien.

Les choses sérieuses commencent - Travailler sur votre colonie d'abeilles

Lors des travaux autour de la colonie d'abeilles, vous, en tant qu'apiculteur, vous trouvez généralement directement devant la ruche ouverte et êtes en contact direct avec les abeilles. Il peut alors arriver que les abeilles vous considèrent comme un danger et réagissent de manière agressive. C'est pourquoi, outre des vêtements de protection adaptés, il est important de travailler dans le calme et de manière planifiée.

Déterminez à l'avance les tâches à effectuer afin de réduire au maximum les perturbations pour les abeilles. Travaillez lentement et calmement, proprement et toujours selon un plan strict. Évitez de travailler sur plusieurs colonies en même temps, car les abeilles pourraient à juste titre se montrer agressives à votre égard, notamment en raison de l'odeur étrangère.

Les travaux sur la ruche ne sont toujours effectués que par beau temps et par temps sec.

Avant de commencer, assurez-vous que vous savez exactement quel travail vous avez à faire et que vous avez préparé tous les ustensiles dont vous aurez besoin pour ce travail. Il est également recommandé d'avoir suffisamment de place. Lorsque vous soulevez des cadres, ne les posez pas sur le sol, pour des raisons d'hygiène. Si vous retirez un cadre, vous devez avoir le support en nid d'abeille prêt à l'emploi.

Vous voyez donc qu'un travail irréfléchi ne vous fait pas avancer dans la ruche et ne fait que créer de l'agitation et du stress, ce que vos abeilles perçoivent et réagissent en conséquence.

GESTION DE L'ESPACE

Pour passer l'hiver dans de bonnes conditions, les abeilles préfèrent un abri d'un volume d'environ 40 litres. Ce petit espace peut être chauffé et maintenu au chaud. Lorsque le printemps arrive, la colonie commence à se développer. En tant qu'apiculteur, vous devez maintenant agir pour éviter l'essaimage. Vous donnez plus d'espace à vos abeilles. L'avantage pour vous est qu'une grande colonie peut produire plus de miel. Vous hivernez votre colonie avec un seul cadre, un seul plancher et un seul toit. En été, vous placez un deuxième cadre. Le meilleur moment pour poser le deuxième cadre est lorsque la colonie remplit entièrement le premier cadre. Si la colonie remplit également le deuxième cadre, elle a atteint la taille d'une colonie de production. Ce n'est qu'à ce moment-là, lorsque la colonie a atteint cette taille, que vous pouvez récolter du miel sans priver vos abeilles de trop de leurs moyens de subsistance.

À l'approche de la deuxième moitié de l'année et de la fin de l'été, les abeilles commencent à se préparer à l'hiver et réduisent la taille de la colonie. En septembre, c'est le bon moment pour retirer le deuxième cadre et faire passer l'hiver à votre colonie sous un seul cadre. Pour les grandes colonies de production, cela peut toutefois poser des problèmes d'espace. Il est judicieux de prendre la décision d'hiverner avec un ou deux cadres en fonction de la taille de votre colonie en septembre. Un cadre suffit amplement pour environ 5.000 abeilles. Deux cadres offrent de la place et des provisions d'hiver pour une colonie de 15.000 abeilles.

Plus le paysage est aride et plus l'hiver est froid, plus vous devez hiverner votre proie dans un petit espace.

MULTIPLIER LA COLONIE D'ABEILLES

L'augmentation planifiée de la colonie d'abeilles par la formation d'un rejeton a pour but d'éviter l'essaimage non planifié. Il existe plusieurs façons différentes de former des rejets de sa propre colonie. Trois d'entre elles vous sont présentées dans ce livre. En règle générale, les essaims que vous formez plus tôt dans l'année ont plus de temps pour se développer et se préparer à l'hivernage. Toutefois, si vous formez les essaims trop tôt, une vague de froid inattendue, comme c'est souvent le cas en mai, peut être fatale à la colonie encore faible. Ils ne trouvent pas suffisamment de nourriture pendant cette période froide et ne parviennent pas non plus à maintenir la ruche à une température constante supérieure à 30 degrés.

Ruche à couver

Le couvain est transféré dans un rucher à une seule branche. Ce couvain est composé de

- Deux rayons de nourriture ou de miel

- Un rayon de pollen

- Nombre de rayons de couvain différent (en principe, le nombre correspond au mois en cours plus 1 rayon)

- cadres, éventuellement avec des parois centrales pour faciliter la vie des abeilles

- Une cellule de ruche prête à éclore

Les rayons de couvain sont prélevés avec les abeilles installées, c'est-à-dire que les abeilles qui se trouvent sur les rayons au moment du prélèvement se déplacent avec eux. Il est possible de prélever des rayons de couvain de différentes colonies, à condition qu'elles soient toutes parfaitement saines. Il est également possible de créer un couvain avec un seul rayon de miel. Dans ce cas, la petite colonie a besoin de soins supplémentaires et il peut être judicieux de choisir un logement plus petit pour le démarrage afin de faciliter le chauffage des abeilles.

Ne placez pas le couvain à proximité de la colonie d'origine, car les abeilles feraient le voyage de retour vers celle-ci et ne resteraient pas dans le couvain que vous venez de former. Une fois que la colonie s'est établie, vous pouvez ramener la ruche, les abeilles appartiennent maintenant à la nouvelle colonie formée. Vous pouvez le constater très facilement lorsque la reine commence à pondre ses propres œufs.

La reine est idéalement placée dans le couvain avec une cellule de reine prête à éclore. Une reine éclose est toujours acceptée, mais si vous introduisez une jeune reine dans la colonie, elle sera souvent rejetée. Si les abeilles en ont la possibilité, elles se procurent leur propre reine dans une cellule de remplacement. Il est également possible de prélever la reine pour votre couvain dans l'ancienne colonie. Dans ce cas, vous ne pouvez pas mélanger des abeilles de différentes colonies. La colonie sans reine se nourrit d'une nouvelle reine issue de cellules de recréation.

Essaim artificiel

Une autre possibilité de former un essaim est l'essaimage artificiel. Vous simulez ainsi la formation d'un essaim et votre colonie est contrainte de repartir complètement à zéro. Cela signifie que vous n'emportez que les abeilles dans un nouveau logement vide. La construction des rayons doit alors commencer à partir de zéro ; il faut rassembler les premières provisions et enfin pondre les premiers œufs.

Cette formation de rejets convient également à l'assainissement d'un rucher insalubre ou fortement vieilli. Vous ne prenez pas en charge les rayons et les réserves. Cela peut parfois être la dernière solution pour sauver votre colonie de l'acarien Varroa. S'il y a une infestation, vous pouvez effectuer le traitement contre le varroa dans les jours qui suivent le déménagement.

Pour déplacer une colonie de cette manière - ou pour former un essaim - balayez les abeilles des anciens rayons vers le nouveau logement. Pour assurer l'alimentation des abeilles pendant les premiers jours, il peut être nécessaire de leur fournir des rayons de nourriture. Pour cela, utilisez de la pâte à fourrage, de la nourriture liquide ou des rayons de miel provenant de ruches propres. Dans un essaim artificiel, la reine est généralement ajoutée à la main. Pour éviter que la reine ne soit repoussée, placez-la dans une sorte de cage dans le nouvel habitat. Cette cage est fermée par un bouchon de nourriture qui est consommé au bout de quelques jours et libère la reine. Pendant ces jours, la colonie et la reine ont le temps de s'habituer l'une à l'autre et d'établir les premiers contacts à travers la cage.

Il peut arriver que les abeilles ne soient pas satisfaites de la nouvelle maison que vous leur avez indiquée et qu'elles veuillent repartir directement. Vous devez absolument éviter cela si vous ne voulez pas perdre l'essaim. Pour que les abeilles s'habituent à leur nouvelle maison, fermez le trou d'envol pendant un ou deux jours. Il est assez facile d'expliquer pourquoi un essaim artificiel a besoin de quelques jours pour s'habituer à son nouveau logement, alors qu'un essaim formé naturellement n'a pas ce problème. Avant d'essaimer, une colonie passe par plusieurs phases de préparation. Entre autres, les glandes cirières des ouvrières sont réactivées, les abeilles remplissent leurs alvéoles de miel de provisions et la reine se prépare au vol.

L'essaim artificiel n'a pas cette période de préparation, il a donc besoin de quelques jours pour activer ses abeilles constructrices. Dès que les premiers rayons sont formés, l'essaim se sédentarise et le besoin de repartir disparaît. Vous vous souvenez peut-être du danger du trou d'envol fermé : la colonie peut facilement surchauffer, car aucun refroidissement ne peut avoir lieu. Pendant cette période, placez donc impérativement la ruche dans un endroit frais. C'est ce qui a donné naissance au terme de "détention en cave", synonyme de cette période.

Répartition en Flugling et Fegling

La division de votre colonie en essaims et en fécondations a toujours lieu un jour de grande activité dans la ruche. Vous profitez du fait que presque toutes les butineuses sont en train de se nourrir et vous retirez l'ancienne ruche de son emplacement.

Au même endroit exact, pour que les butineuses puissent retrouver leur chemin, installez une nouvelle ruche dans laquelle vous suspendez quelques cellules de couvain de l'ancienne colonie, ainsi que deux rayons de nourriture ou de miel. Veillez à utiliser des cellules de couvain qui contiennent en grande partie du couvain operculé qui va bientôt éclore. Cette partie de la colonie est appelée essaim, car elle est maintenant temporairement composée presque exclusivement d'abeilles volantes. Une reine doit être ajoutée à l'essaim. Vous pouvez le faire soit en ajoutant une cellule de reine prête à éclore, soit en ajoutant une reine dans une cage.

Le syrphe n'est pas en mesure d'élever une reine par le biais de cellules de recréation. Ce qui est possible, en revanche, c'est d'ajouter l'ancienne reine à l'essaim. Les abeilles qui restent dans l'ancienne ruche forment le fugitif. Les abeilles que vous prélevez avec les rayons de couvain pour l'essaimage sont ramenées dans l'ancienne colonie. Dans la ruche du fegling, vous comblez le vide créé par les rayons à couvain retirés en déplaçant les rayons à couvain. Veillez à ce qu'il y ait suffisamment de nourriture dans la colonie, car pendant une courte période, le fécondant ne contient presque pas d'abeilles volantes qui pourraient apporter du miel. Le fécondant peut se procurer lui-même une reine en créant de nouvelles cellules. Mais vous pouvez aussi laisser l'ancienne reine dans la colonie ou ajouter une cellule de reine prête à éclore.

La création d'une reine n'est possible que s'il y a du couvain non operculé ou des œufs dans la ruche. Le couvain operculé est déjà trop vieux et ne peut plus être transformé en reine par les ouvrières. C'est pourquoi il n'est pas possible à l'essaim de former des cellules de recréation, car vous avez vous-même pris soin d'insérer des rayons de couvain operculé afin que la colonie ait rapidement une jeune progéniture.

APPORT DE LA REINE

Si vous souhaitez créer des essaims à partir de votre colonie, il est parfois nécessaire d'ajouter une reine si votre colonie ne peut pas produire sa propre reine. Il s'agit d'un processus assez difficile, car les reines étrangères ne sont pas acceptées volontiers. Vous pouvez augmenter la probabilité d'acceptation de la nouvelle reine en créant des conditions favorables.

Veillez à ce que la colonie dans laquelle vous souhaitez placer la nouvelle reine n'ait pas de cellules de couvain ouvertes. Le couvain operculé est autorisé. Veillez également à ce qu'il n'y ait pas de cellule de reine dans la colonie.

Les jeunes reines fécondées ont plus de chances d'être acceptées avec succès que si vous ajoutez une reine non fécondée au couvain.

Ne placez pas simplement la reine étrangère dans votre nouvelle colonie, mais protégez-la pendant les premiers jours à l'aide de la cage déjà mentionnée, également appelée cage d'introduction. Les abeilles auront ainsi le temps de s'habituer à l'odeur de la nouvelle reine et d'établir un premier contact avec elle. Après avoir accroché la cage dans la colonie, vous devez la laisser tranquille pour le moment. Pendant ce temps, observez-la uniquement de l'extérieur, sans ouvrir la ruche. Les abeilles sont-elles calmes, le travail suit-il son cours ? Après environ deux semaines, vous pouvez jeter un coup d'œil à l'intérieur de la ruche. Un signe sûr que la colonie a accepté la reine est la présence de couvain frais.

L'élevage de reines par soi-même n'est recommandé qu'aux apiculteurs expérimentés, car l'élevage de reines n'est pas facile. Cependant, vous pouvez demander à votre association d'apiculteurs où vous pouvez acheter des reines saines. Ces reines sont généralement marquées d'une couleur, ce qui vous permet de noter précisément l'âge de chaque reine.

TRANSFORMATION PLANIFIÉE

Le processus de transplantation désigne le remplacement de l'ancienne reine par une nouvelle. Dans certaines situations, la colonie d'abeilles le fait automatiquement. Cependant, il existe également des situations dans lesquelles vous, en tant qu'apiculteur, souhaitez remplacer une reine de manière ciblée. Vous pouvez par exemple le faire avant que la ponte de l'ancienne reine ne diminue, afin de maintenir votre colonie forte. Une autre raison de remplacer votre reine est une colonie agressive. Une agressivité accrue peut être d'origine génétique. Vous pouvez influencer ce comportement en ajoutant une reine élevée pour être douce.

Pour transplanter une colonie selon le plan, vous devez tout d'abord retirer l'ancienne reine de la colonie. Les colonies sans reine, sans cellule de reine et sans possibilité de créer des cellules de repeuplement acceptent plus facilement une nouvelle reine que vous leur proposez.

Attendez plusieurs jours après avoir retiré la vieille reine, puis jetez un coup d'œil à l'intérieur de la ruche. Si vous avez l'intention d'intégrer une reine achetée, vous devez retirer les cellules de reine ou de progéniture existantes à ce moment-là. Si, après ces quelques jours d'attente, vous ne trouvez pas de cellules de reine ou de cellules de reproduction, vous pouvez supposer qu'il y a encore une reine dans la colonie et que vous devez d'abord la trouver. Une fois que toutes les reines, cellules de miel et cellules de reproduction ont été retirées, vous pouvez suspendre votre nouvelle reine dans la cage d'alimentation entre les rayons et commencer la tentative d'intégration.

DÉPLACEMENT DES ALVÉOLES

Selon les manuels, le nid à couvain se trouve toujours au centre et est entouré à gauche et à droite de plusieurs rayons qui servent à stocker le miel. Ne vous effrayez pas si l'image est différente lorsque vous ouvrez votre ruche. Vous pouvez bien sûr déplacer le nid à couvain et le placer au centre du cadre, mais vous pouvez aussi le laisser là où il se trouve, en suivant l'adage "les abeilles sauront ce qu'elles font". Le choix final dépend toujours de votre colonie et des circonstances.

Si vous décidez toutefois de déplacer le nid à couvain, vous devez toujours le faire en entier et ne pas intervertir les rayons. Sinon, vous risquez de déchirer le nid à couvain, de perturber inutilement les abeilles et de perturber leur travail. Le processus de déplacement des rayons est appelé correction de la position des abeilles. Dans certaines situations, il peut arriver que des rayons vides soient suspendus entre eux et, par exemple - cela se produit souvent au printemps après l'hiver - un rayon vide sépare le nid à couvain d'un rayon de miel suspendu derrière lui et contenant encore de nombreuses réserves. Les abeilles ont perdu le contact avec le rayon plein et sont affamées, bien qu'il y ait encore de la nourriture. Dans ce cas, il est logique de corriger les alvéoles. Une restructuration peut également s'avérer utile si vous souhaitez accrocher de nouveaux rayons, par exemple pour créer plus d'espace pour le nid à couvain ou pour accrocher un nid de faux-bourdons au printemps.

LE NOURRISSAGE DE VOS ABEILLES

Les abeilles ne produisent pas de miel pour l'homme. Elles ne produisent et ne stockent que la quantité dont elles ont besoin en tant que colonie pour passer l'hiver, nourrir le couvain et survivre. L'homme n'est pas prévu à cet effet et chaque miel que vous retirez de la ruche, les abeilles le paient cher avec trop peu de nourriture. Il est donc abso-lument nécessaire que vous nourrissiez vos abeilles pour assurer leur survie. Il ne faut jamais retirer tout le miel de la ruche. Le miel qui se trouve à proximité du nid à cou-vain reste dans tous les cas une réserve à rotation rapide pour les abeilles afin de surmonter les périodes de mauvais temps.

Alimentation hivernale

Pour le nourrissement hivernal, on utilise une solution sucrée liquide que vous offrez aux abeilles à l'intérieur de la ruche. Le moment le plus approprié pour le nourrissement est la fin de l'après-midi ou le soir. Les abeilles se retirent alors dans la ruche pour la nuit et le risque de pillage des colonies voisines est réduit. Vous placez maintenant un cadre vide sur la ruche et placez la nourriture liquide dans un seau sur les cadres supérieurs. Ajoutez de la paille, des bouchons ou un matériau comparable à la solution pour que les abeilles aient à tout moment un endroit où se percher, sinon elles se noient en se nourrissant.

La solution de sucre elle-même est préparée dans un rapport de 2 à 3. Deux parties d'eau fraîche et trois parties de sucre du commerce. Le sucre a besoin d'un certain temps pour se dissoudre dans l'eau, car vous ne devez en aucun cas chauffer la solution, ce qui accélérerait le processus mais provoquerait la formation d'hydroxyméthylfurfurate (HMF), qui est dangereux pour la santé des abeilles. C'est pourquoi vous devez préparer la solution la veille au soir et la remuer de temps en temps.

Alimentation d'urgence

En cas de déficit de miellée en été, une grande colonie peut avoir beaucoup de mal à surmonter ce déficit. La forte activité et le taux de croissance de la colonie qui ont été établis auparavant nécessitent une offre de nourriture stable et constante. En l'absence de miellée, les réserves s'épuisent et les abeilles commencent à mourir de faim. Pour éviter que les abeilles ne meurent de faim, il est conseillé de procéder à un nourrissement d'urgence.

Pour l'alimentation d'urgence, on utilise de la pâte alimentaire. Vous pouvez acheter de la pâte à fourrage dans le commerce ou la préparer vous-même. Pour cela, mélangez cinq kilos de sucre en poudre avec un kilo de votre propre miel. Si la pâte est trop sèche, ajoutez un peu d'eau. Notez qu'après un nourrissage d'urgence cette année, il ne faut plus récolter de miel si celui-ci a lieu en été. Un nourrissement d'urgence au printemps exige de vous de grandes connaissances pour pouvoir récolter du miel la même année, car vous ne pouvez pas récolter de la nourriture stockée.

Une bonne option est de placer des rayons de miel dans la ruche en cas de pénurie de nourriture. Ainsi, si vous avez des rayons de miel en réserve, il est toujours préférable de les utiliser en premier, car vous pourrez alors effectuer la récolte de miel sans problème.

CONTRÔLE DE VOS ABEILLES MELLIFÈRES

En tant qu'apiculteur, vous êtes responsable de vos abeilles. Vous devez maintenant contrôler régulièrement si vos animaux se portent bien ou s'ils ont des problèmes. En hiver, il suffit d'effectuer un contrôle toutes les 2 à 3 semaines. Ici, vous réduisez le contrôle des déchets. Si cela est typique de la saison, un contrôle précis de chaque alvéole peut être évité. Cela est particulièrement pratique en hiver, car en retirant les rayons, vous risquez de refroidir vos abeilles.

En été, les contrôles doivent être plus réguliers et plus approfondis afin de détecter et d'empêcher l'essaimage à un stade précoce.

Vous devez effectuer des contrôles plus approfondis, en particulier au printemps et à l'automne. Ces contrôles portent le nom d'inspection de printemps et d'inspection d'automne.

Chaque inspection, quelle qu'elle soit, est inscrite sur vos fiches de stock. Vous disposez ainsi d'une documentation complète et de la possibilité de retracer vos actions par la suite. Les fiches de ruches servent également à maintenir les colonies d'abeilles en bonne santé.

Légumes

Le fond des ruches à magasin peut être équipé d'une planche de fond en bois ou en un autre matériau. Cette planche est appelée planche de fond, couche de lisier, plaque de fond ou glissière de diagnostic. La planche n'est pas laissée en permanence dans la ruche, car elle attire les parasites et les prédateurs. Les abeilles sont également des animaux très propres qui nettoient leurs déchets afin de garder la ruche propre. Par conséquent, pour éviter que les abeilles ne nettoient la planche de fond, il convient d'insérer une grille entre la ruche et la planche de fond, à travers laquelle les abeilles ne peuvent pas passer. Après environ trois jours, retirez la planche à déchets et la grille pour que les abeilles puissent reprendre le nettoyage du fond.

Le gel est particulièrement adapté au diagnostic et à l'inspection pendant les périodes froides, lorsque vous ne souhaitez pas ouvrir la ruche. Au printemps, dès l'arrivée des beaux jours, vous pouvez insérer la lame de diagnostic. Si vous y trouvez des plaquettes de cire incolores, c'est le signe que les abeilles constructrices sont actives et qu'elles couvrent les cellules de couvain. Votre colonie a commencé à couver. Si vous trouvez de petites miettes de cire brune avec de fines fibres qui y adhèrent, c'est le signe que les premières ouvrières ont éclos. Les fibres sont les restes du cocon. La meilleure façon d'identifier et d'examiner les déchets est d'utiliser une loupe.

Fin mars, vous pouvez facilement évaluer l'emplacement du nid à couvain à l'aide du motif de la litière. Il permet de déterminer la taille et l'activité du nid à couvain. Si vous trouvez des miettes blanches, presque translucides, vous pouvez affirmer avec certitude qu'il y a encore de la nourriture pour l'hiver. Les miettes proviennent de l'ouverture des opercules de cire des rayons de nourriture.

La taille du nid à couvain et le fait de savoir si les abeilles sont encore actives dans le couvain peuvent être déterminés à l'automne par les fientes. A cette époque et à l'approche de l'hiver, les fientes vous permettent également de déterminer la charge parasitaire de la colonie et si des prédateurs s'attaquent à votre colonie.

Des morceaux d'abeilles mortes dans les déchets indiquent la présence d'intrus, tels que la musaraigne - un rongeur insectivore - ou les guêpes et les frelons. Les frelons utilisent les parties riches en protéines de l'abeille - le thorax avec les muscles du vol - pour nourrir leur couvain. Le statut de l'acarien Varroa dans la ruche peut également être déterminé par la gelée royale.

La revue de printemps

Lorsqu'il fait enfin chaud et ensoleillé, le moment est venu de procéder à l'inspection de printemps. Pour ce faire, retirez les rayons un par un et inspectez chacun d'entre eux très attentivement. N'oubliez pas que vous ne devez le faire que si votre colonie ne risque pas de geler ! La température extérieure doit être légèrement inférieure à 20 degrés, la journée doit être ensoleillée et sans vent. Ne soyez pas pressé lors de l'inspection de printemps, mais faites en sorte que les travaux soient aussi courts que possible. Tous les ustensiles dont vous avez besoin - fumoir, balai, eau pour le nettoyage, chevalet pour accrocher les rayons - doivent impérativement être prêts !

Comme vous avez de toute façon chaque rayon en main lors de l'inspection de printemps, c'est également à ce moment-là que vous prélevez l'échantillon de mangeoire pour diagnostiquer la loque américaine.

Le passage en revue du printemps coïncide avec le changement de génération au sein de la colonie d'abeilles. Les abeilles d'hiver meurent, les premières abeilles d'été éclosent déjà. Observez ici la quantité et la qualité des cellules de couvain. Y a-t-il suffisamment de cadres, de couvain ouvert et de couvain operculé ?

Examinez les dommages causés par les intrus pendant l'hiver. Enlevez les traces de piqûres sur les rayons de miel ou les toiles et larves de fausse teigne, les rayons moisis et autres. Remplissez les espaces vides avec des rayons vides ou des rayons centraux. Les rayons de nourriture que vous avez utilisés à l'automne doivent également être retirés, même s'ils contiennent encore des restes de nourriture non consommée. Sinon, la nourriture qui y est stockée pourrait être transférée dans la miellerie et fausser votre récolte de miel.

Si votre colonie n'a pas survécu à l'hiver, vous devez examiner le désastre en profondeur. Faites une nécrologie et essayez d'en déterminer les causes. La colonie est-elle morte de froid ou de faim ? Y a-t-il eu des intrus ? La cause réside généralement dans des erreurs, petites ou grandes, commises pendant l'hivernage, qu'il convient maintenant d'élucider afin de les éviter l'année prochaine.

Contrôle des essaims

Effectuez des contrôles d'essaimage chaque semaine à partir de fin avril jusqu'à début juillet. Si la colonie de production est saine, vous pouvez partir du principe qu'elle est suffisamment forte pour préparer un essaimage.

Vous pouvez reconnaître les signes avant-coureurs indiquant que votre colonie envisage d'essaimer en examinant minutieusement les rayons. Les apiculteurs expérimentés utilisent la méthode dite de basculement pour contrôler le comportement d'essaimage, mais vous ne pouvez pas l'appliquer facilement en tant que débutant. L'inspection par transparence est plus précise et plus approfondie.

Ce que vous pouvez voir lors de l'examen visuel, lorsque votre colonie se prépare à l'essaimage, ce sont des alvéoles de jeu et des cellules d'essaimage (cellules de la reine). Les alvéoles sont des cellules non greffées que les ouvrières créent mais n'utilisent pas encore. Une cellule de reine devient ensuite une cellule de reine dès que la reine y a pondu un œuf.

Si vous trouvez des alvéoles de jeu et des cellules de reine ouvertes lors de l'examen, vous devez les écraser à chaque fois. Une cellule fermée est un signal d'alarme. Ne la détruisez pas. Après l'operculation, il ne faut que six jours pour que la nouvelle reine éclose. Si vous trouvez des cellules operculées, cela signifie généralement que l'ancienne reine est déjà partie avec un essaim. Vous avez manqué l'essaim. Ce n'est pas la fin du monde, mais vous devez absolument laisser la cellule de reine en place à ce moment-là, car votre colonie a besoin d'une nouvelle reine.

Le signe que votre colonie a encore une reine est la présence d'œufs fraîchement placés dans le nid à couvain. Environ trois jours avant l'essaimage, l'ancienne reine cesse de pondre. Si vous ne trouvez aucune de ces nouvelles colonies, il est probable que votre reine soit déjà partie. Il ne vous reste plus qu'à inspecter les arbres environnants. Vous pourrez peut-être encore trouver votre essaim et le capturer.

Un examen approfondi à l'automne

Les dernières journées chaudes de l'automne sont votre dernière chance d'effectuer un contrôle approfondi afin de détecter et de résoudre les derniers problèmes avant l'hivernage. Les questions que vous devez absolument aborder lors de l'inspection d'automne sont les suivantes :

• La taille de la colonie : l'espace est-il suffisant ? Devez-vous éventuellement réduire la taille de l'espace ?

• La santé publique : trouvez-vous des signes de maladie ?

• Réserves alimentaires : les réserves que la population a elle-même constituées sont-elles suffisantes ou devez-vous les alimenter ?

• Varroa : quelle est l'ampleur de l'infestation ?

• Mesures pour l'hiver : La colonie est-elle prête pour l'hiver ?

En hiver, l'espace nécessaire à la colonie doit être suffisamment réduit pour que la colonie puisse maintenir la ruche à sa température de fonctionnement avec peu d'efforts. Si les abeilles doivent faire beaucoup d'efforts pour cela, la consommation des réserves augmente trop. Réduisez donc la taille de la chambre à couvain et évaluez, en fonction du couvain encore actif, la force de votre colonie dès que la reine cessera de pondre des œufs pour l'hiver.

La santé des abeilles peut être évaluée d'une part en fonction des animaux eux-mêmes et de leur état de nutrition. Si vous trouvez des abeilles mortes dans la colonie ou des saletés, c'est toujours un signe d'alarme. Comme vous l'avez déjà appris, les abeilles sont des animaux très propres qui ne tolèrent pas la saleté dans la ruche. Dans ce cas, recherchez les causes, demandez conseil à votre parrain apiculteur et à un vétérinaire spécialisé dans les abeilles.

En août, vous avez effectué le nourrissement hivernal pour donner à vos abeilles la possibilité de stocker facilement des réserves. Vous profitez maintenant de la revue d'automne pour vérifier les réserves réellement disponibles. Celles-ci dépendent des circonstances. Il se peut que les abeilles en aient consommé beaucoup en raison de trous dans la miellée, de journées pluvieuses ou autres. D'autre part, il se peut que la fin de l'été et le début de l'automne aient été favorables aux abeilles et que les réserves de nourriture soient importantes.

Une colonie de production que vous souhaitez faire hiverner en deux branches a besoin de 18 à 22 kilos de provisions. Pour une ruche à un seul brin, 12 à 15 kilos de provisions suffisent pour l'hiver. Un nid d'abeille rempli à la mesure allemande normale correspond à deux kilos. Selon la mesure Zander, elle correspond à environ 2,5 kilogrammes.

Le vol des abeilles s'arrête complètement en octobre ou novembre, selon les conditions météorologiques. D'ici là, vous devriez avoir fait le plein de nourriture. Si une nouvelle distribution de nourriture est nécessaire, faites-le avant cette date ! Vous trouverez des informations plus détaillées sur la varroase dans un chapitre ultérieur. En bref, l'inspection d'automne est la dernière possibilité d'évaluer l'infestation par l'acarien. Pour cela, vous pouvez utiliser l'inspection des déchets. Les acariens Varroa attaquent le couvain et, s'il n'y a pas de couvain, les ouvrières adultes. Le traitement se fait à l'automne, au moment où la colonie n'a plus de couvain, avec de l'acide oxalique.

Les mesures de protection autour de l'hiver doivent maintenant être contrôlées et mises en place. Le trou d'envol est le seul moyen d'entrer dans la ruche. En automne et en hiver, il n'est pas surveillé car les abeilles se sont retirées pour former la grappe d'hiver et les prédateurs peuvent facilement entrer et sortir. Dès le moment du nourrissement hivernal, vous pouvez réduire la taille du trou d'envol à l'aide de cales pour trous d'envol et ainsi limiter les prédateurs parmi les colonies.

Contre les musaraignes et les petits oiseaux, vous pouvez maintenant installer une grille à souris ou un filet supplémentaire. Vous pouvez tendre des filets au-dessus de la proie pour tenir les pics et les corbeaux à l'écart de la colonie et surtout de son habitat, afin d'éviter qu'ils ne fassent un trou dans l'enveloppe extérieure. Protégez votre ruche des tempêtes d'automne et d'hiver afin qu'elle ne puisse pas être renversée et détruite.

Contrôles hivernaux

Les contrôles pendant la saison froide sont effectués exclusivement de l'extérieur. A cette occasion, vous contrôlez régulièrement si les mesures de protection sont encore intactes. La grille anti-souris est-elle déplacée et le filet est-il encore correctement arrimé ? La proie elle-même est également examinée pour voir si la tempête ou d'autres facteurs ont entraîné un déplacement des cadres et s'ils sont toujours bien alignés. Les dégâts éventuels causés par les animaux sauvages doivent être immédiate-ment réparés. Selon la région, les ratons laveurs peuvent également attaquer la proie et il n'est pas rare qu'ils la renversent et la brisent.

Les ruches cassées ne peuvent généralement pas être sauvées, car les colonies se refroidissent brusquement et meurent rapidement. Vous pouvez essayer de sauver une ruche fraichement ouverte en la calfeutrant immédiate-ment. Bouchez tous les trous pour éviter les courants d'air et la pénétration d'air froid.

DOCUMENTATION DE VOTRE TRAVAIL

Le développement de bonnes pratiques apicoles implique d'apprendre de ses propres erreurs et de ne pas les répéter. Après tout, vous voulez le meilleur pour vos animaux. La meilleure façon de détecter les erreurs est d'avoir une documentation qui fonctionne. Si vous vous occupez de plusieurs colonies, la fiche de ruche, qui est tenue individuellement pour chaque ruche, vous permet de lire et de vous souvenir de certaines circonstances, événements et travaux effectués.

Carte de stock

Vous y inscrivez tout ce qui se passe autour de votre colonie. Les données et les faits concernant la reine, les traitements contre les acariens, les résultats de la récolte des déchets et des inspections de printemps et d'automne, etc. Tout ce qui vous semble important et tout ce qui vous semble sans importance est noté dans la fiche de ruche.

Livre du miel

Dans le registre du miel, vous consignez tout ce qui concerne votre propre miel, de sorte qu'il soit possible de savoir pour chaque pot quand il a été récolté, extrait, mis en pot et stocké. Les numéros de lots, que vous devez obligatoirement attribuer en tant que vendeur de miel, sont également notés dans le registre du miel.

Livre d'inventaire

L'utilisation de médicaments vendus en pharmacie doit être documentée conformément à l'ordonnance relative à la justification des médicaments vétérinaires. Les acides utilisés pour lutter contre la varroase font partie de ces médicaments vendus en pharmacie. Pour garder une vue d'ensemble de tous les traitements vétérinaires et médicinaux que vous faites subir à vos abeilles, il vaut la peine d'inscrire également les traitements et les applications qui ne sont pas en vente libre dans le livre de bord.

Le nid d'abeilles et la cire

Dans la nature, les abeilles changent régulièrement d'habitat, abandonnent leurs anciens rayons et commencent à en construire de nouveaux à partir de zéro. Cela a notamment des aspects hygiéniques, car des agents pathogènes et des parasites s'accumulent dans la cire des rayons usagés.

La cire qui vient d'être produite par les glandes cirières des ouvrières est incolore et blanchâtre par transparence. C'est au contact du pollen, du nectar et des abeilles elles-mêmes qu'elle prend sa couleur jaunâtre typique. Le pollen, en particulier, est un véritable colorant et fait rapidement perdre à la cire sa couleur blanche pure. Ce n'est pas encore un problème, car il ne s'agit que de l'accumulation de colorants liposolubles.

Les rayons de couvain sont contaminés par les restes des larves et, bien sûr, par les restes de nymphes. Les abeilles nettoyeuses s'efforcent de les nettoyer et de les désinfecter grâce à leur salive et à l'utilisation de propolis. La propolis a une couleur brune foncée qui se transmet peu à peu aux cellules de couvain, qui deviennent alors d'un brun foncé profond. Les abeilles nettoyeuses ne parviennent pas à nettoyer le nid d'abeilles à 100 %, il reste des restes de chaque couvain dans le nid. Cette matière organique est un terrain propice à la prolifération des bactéries, des germes et des parasites. La fausse teigne de la cire, par exemple, est l'un de ces parasites. La petite mite de cire vit dans les cellules de couvain et creuse des galeries à travers la cire de cellule de couvain en cellule de couvain, où elle se nourrit des restes et des dépôts.

Les bactéries qui se trouvent dans les dépôts organiques sont parfois infectieuses pendant plusieurs années et entraînent une réinfection constante des abeilles nouvellement écloses. C'est également l'une des raisons pour lesquelles vous ne devez jamais échanger de rayons entre les colonies d'abeilles.

RECONNAÎTRE ET REMPLACER LES VIEUX NIDS D'ABEILLE

En tant qu'apiculteur consciencieux, votre tâche consiste à remplacer et à renouveler régulièrement les rayons. Pour ce faire, sans perdre de couvain, vous pouvez tirer parti du comportement de vos abeilles.

Les réserves de miel à long terme sont toujours déposées loin du trou d'envol, c'est-à-dire dans une zone qui, dans les colonies à deux cadres, se trouve dans le cadre supérieur. Le nid à couvain se trouve au milieu. En automne, lorsque la colonie se réduit, elle se déplace généralement vers le cadre supérieur, de sorte que les rayons situés dans le cadre inférieur se vident lentement et peuvent être retirés par vos soins.

Les rayons de miel de la dernière récolte sont appelés rayons vides humides de miel après l'extraction. Vous pouvez les réutiliser comme nouveaux rayons pour le nid à couvain. A l'inverse, les anciens rayons de couvain ne sont en aucun cas adaptés à l'extraction de miel et doivent être jetés.

Pour éviter de mélanger la miellerie et la chambre à couvain, vous pouvez utiliser une grille à travers laquelle la reine ne peut pas passer. Ainsi, elle ne pourra pas pondre d'œufs dans la miellerie et les rayons qui s'y trouvent ne serviront qu'au stockage du miel mûr.

Si votre colonie diminue, retirez cette grille et le nid à couvain peut se déplacer vers l'ancienne miellerie, libérant ainsi les rayons de couvain précédents, prêts à être éliminés. En effectuant cette rotation de la chambre à couvain, les abeilles vous donnent un cycle raisonnable de renouvellement des rayons. En fin de compte, il est plus hygiénique de remplacer les rayons plus tôt que plus tard afin de limiter les maladies et les infestations parasitaires.

CIRE

Chaque année, vous éliminez environ 10 rayons dans chacune de vos colonies. Vous ne réutiliserez pas la cire foncée des rayons de couvain pour couler les parois centrales. Ainsi, vous ne feriez que réintroduire dans la ruche, sous une autre forme, les bactéries qu'elle contient.

Il existe des entreprises et des magasins de fournitures apicoles qui acceptent la vieille cire et l'échangent contre des cadres. Si vous souhaitez accepter une telle offre, renseignez-vous au préalable sur les conditions exactes. La plupart du temps, ces entreprises n'acceptent la cire usagée que détachée des cadres, ce qui signifie que vous devez également la retirer des fils. Il n'est intéressant d'échanger votre cire usagée contre des cadres centraux que si ceux-ci sont fabriqués sans résidus, sinon vous risquez d'acheter des maladies. Un certificat correspondant prouve sans aucun doute l'absence de résidus.

Faire fondre la cire soi-même

Si vous prenez plaisir à transformer votre cire en bougies, par exemple, il vaut la peine d'acheter un fondoir à cire solaire. Il en existe de différentes tailles, pouvant contenir 2 ou 3 alvéoles.

Dans votre fondoir de cire solaire, vous pouvez d'une part faire fondre de la cire que vous avez coupée dans un terrier naturel frais. La cire que vos abeilles produisent dans le terrier naturel est encore très propre au début. Si vous la récupérez avant qu'elle ne contienne des œufs et des larves, vous pouvez la faire fondre et l'utiliser pour couler ou presser des parois centrales. L'équipement dont vous avez besoin pour cela n'est généralement pas rentable pour un débutant. Votre parrain apiculteur dispose peut-être de l'équipement nécessaire ou vous pouvez vous renseigner auprès de votre association d'apiculteurs.

Comme nous l'avons dit, la cire des anciens rayons de couvain ne convient pas à la réutilisation dans la colonie, mais vous pouvez l'utiliser pour fabriquer des bougies.

Par temps ensoleillé, il faut environ 1 à 2 heures pour faire fondre la cire d'une ruche naturelle. Les nids d'abeilles ont besoin d'un peu plus de temps. Remplissez d'abord le récipient du fondoir avec un peu d'eau pour mieux récupérer la cire. Une fois les vieux rayons fondus, vous pouvez trouver des résidus de cocons et d'excréments de larves. Il se peut également que des larves de la fausse teigne apparaissent.

Clarifier la cire

Récupérez la cire brute obtenue dans le fondoir en séparant la cire ancienne de la cire fraîche. Une fois que vous avez réuni une certaine quantité, vous pouvez faire chauffer la cire avec la même quantité d'eau dans une grande casserole enduite. La casserole doit être revêtue, car la cire devient grise au contact du fer. Utilisez également une vieille casserole - vous ne pourrez plus la réutiliser pour cuisiner. Chauffez votre mélange de cire et d'eau à environ 85 degrés pour éviter que le mélange ne se mette à bouillir et que des éclaboussures de cire chaude ne se produisent. En remuant lentement et à plusieurs reprises, les restes de salissures se détachent de la cire. Le refroidissement très lent qui suit forme une zone de saleté à la limite entre l'eau et la cire, que vous pourrez enlever plus tard avec le ciseau à bois.

Fabriquer de la cire de bougie

Vous pouvez maintenant utiliser cette cire simplement clarifiée pour la transformer en cire pour bougies. Chauffez-la à nouveau jusqu'à ce qu'elle devienne liquide. Pour éviter que votre cire ne brûle, ne la perdez pas de vue tout au long du processus et chauffez-la de préférence au bain-marie plutôt que directement dans une casserole. L'étape suivante consiste à filtrer la cire à travers un filtre à fibres fines qui recueille les particules en suspension et les plus petits restes d'excréments, de cocon et d'enveloppes de chitine.

La cire a alors encore une couleur assez sombre que vous pouvez éclaircir de différentes manières. Vous pouvez mouler de fines plaques de cire et les exposer au soleil pendant plusieurs jours. Les plaques prennent alors une teinte nettement plus claire. Une autre possibilité est de les éclaircir à l'aide d'acides ou de bases. En tant qu'apiculteur, vous avez déjà de l'acide formique ou de l'acide oxalique chez vous, car vous avez besoin de ces produits pour lutter contre la varroase. Mais vous pouvez aussi travailler avec de l'acide citrique, utilisé dans la plupart des foyers comme détartrant naturel.

Lorsque vous travaillez avec des acides, portez toujours des gants, des lunettes de protection et des vêtements de protection appropriés. Sinon, en cas de chauffage, des éclaboussures peuvent se produire et vous blesser gravement les yeux.

Pour blanchir la cire, mettez-la à nouveau dans une casserole avec de l'eau. Pour environ cinq kilos de cire, il vous faut un litre d'eau et, dans le cas de l'acide citrique, deux grammes d'acide citrique. Chauffez le mélange à 85 degrés et remuez constamment. Un agitateur mécanique convient également, car l'eau et la cire doivent être en contact étroit. Gainez les agitateurs métalliques ou utilisez des tiges d'agitation en bois.

Pour vérifier si votre cire a déjà pris la couleur souhaitée, trempez un bâtonnet en bois dans la cire et laissez une fine couche de cire durcir dessus. Vous pourrez ainsi évaluer la couleur de manière optimale. Lorsque vous laissez refroidir le mélange final, veillez à ce qu'il ne refroidisse que très lentement afin que l'eau et la cire puissent se séparer correctement. En cas de doute, vous pouvez enrouler une couverture autour du pot pour l'isoler et ralentir encore le refroidissement.

Le b.a.-ba de l'hygiène

Le miel est un aliment naturel qui se consomme cru. Les bactéries, les impuretés ou les substances nocives sont alors consommées par l'homme. Cela met l'apiculteur au défi de travailler de manière absolument hygiénique du début à la fin de la chaîne de production du miel.

Si vous souhaitez vendre votre miel, vous devez vous informer au préalable sur les dispositions légales en matière d'hygiène alimentaire. Demandez conseil à votre parrain ou à votre association d'apiculteurs. La législation évolue très rapidement et change de temps en temps, il n'est donc pas utile de l'écrire ici.

La plupart des contaminations ne sont pas causées par les abeilles, mais par l'apiculteur lui-même, qui introduit des saletés et des germes pathogènes en travaillant de manière malpropre sur la ruche ou en extrayant et en traitant le miel. La salle d'extraction en elle-même doit également répondre à certaines normes d'hygiène. Enfin, il convient de respecter les délais d'attente et les instructions relatives à la lutte contre les varroas.

Veillez à ce que vos vêtements de travail soient toujours propres et que vous portiez sur la colonie des vêtements de travail différents de ceux utilisés pour le traitement du miel. Pensez à porter des gants propres et jetables de qualité alimentaire ainsi qu'un filet à cheveux ! Les vêtements de protection doivent impérativement être renouvelés après chaque sortie de la pièce.

N'oubliez pas de ne jamais poser les rayons et les cadres sur le sol lorsque vous travaillez sur la colonie et gardez toujours de l'eau propre à portée de main pour nettoyer soigneusement vos outils et vos mains de temps en temps.

NETTOYAGE ET STOCKAGE DE VOS ÉQUIPEMENTS

Le miel est une substance particulièrement collante et visqueuse. Veillez à nettoyer tous vos ustensiles à l'eau sans laisser de résidus. Les restes de miel à moitié enlevés sont de véritables paradis pour les germes ! Le lave-vaisselle fait ici un excellent travail. Faites-le fonctionner à une température de 60 à 65 degrés pour nettoyer et désinfecter les pots et les couvercles de miel.

Vous devez également maintenir la ruche et les cadres propres. Après avoir retiré tous les résidus de cire d'un cadre, retirez les fils et jetez-les également. Faites tremper le cadre dans de la soude caustique à 2% pour une désinfection complète.

VOTRE PROPRE ESPACE DE TRAVAIL

Si vous ne récoltez du miel que pour votre propre consommation, vous pouvez utiliser votre propre cuisine pour le transformer. C'est une bonne idée si vous êtes un apiculteur amateur. Si vous souhaitez disposer de votre propre local pour l'extraction du miel, celui-ci doit répondre à certaines exigences clairement définies dans les textes de loi correspondants. Il s'agit notamment des conditions suivantes :

• État ordonné et rangé

• Sec, pas de formation d'humidité stagnante

• Intact : les toiles d'araignées, les fissures, le plâtre qui s'effrite, les endroits humides ne sont pas autorisés.

• Les substances dangereuses pour la santé doivent être stockées à l'extérieur, par exemple les produits de nettoyage.

• Absence de plantes et d'animaux, moustiquaires aux fenêtres ouvertes

Lors de l'aménagement de votre propre local, veillez à respecter les règles en vigueur dans votre région. Pour éviter de vous tromper ou d'oublier des éléments essentiels, demandez conseil à votre parrain ou à votre association d'apiculteurs en cas de doute.

Considérations médi-
cales

Comme chez l'homme ou d'autres animaux, il vaut mieux prévenir l'apparition d'une maladie que la traiter. Veillez donc à garder vos abeilles aussi saines et fortes que possible afin de réduire au maximum le besoin de traitements. Vous maintenez votre colonie forte et en bonne santé en lui offrant des conditions optimales, grâce à un emplacement bien choisi par exemple. Contrôlez régulièrement vos colonies pour détecter les maladies. Plus tôt vous détectez une anomalie, plus le traitement médical sera efficace.

Ne sous-estimez pas la facilité et la rapidité avec lesquelles, en tant qu'apiculteur, vous pouvez transmettre une maladie d'une colonie à l'autre. Soyez donc particulièrement attentif à l'hygiène. Cela implique une tenue d'apiculteur toujours propre, des outils propres, de l'eau fraîche et un travail hygiénique en soi, en ne laissant pas les cadres ou les cadres entrer en contact direct avec le sol. Remplacez les vieux rayons à l'avance afin de maintenir un niveau d'hygiène élevé à l'intérieur de la ruche.

Pour limiter autant que possible la propagation des maladies, il est préférable de ne pas échanger de cadres, de châssis ou de rayons entre les différentes colonies. Il n'est pas non plus conseillé de réunir des colonies sans s'assurer au préalable, sans aucun doute possible, que les deux colonies sont parfaitement saines. Les colonies fraîchement achetées doivent également présenter un statut sanitaire indiscutable et passer un certain temps en quarantaine. Veillez également à ce que chaque colonie ait suffisamment d'espace. Plus vous placez vos colonies à proximité les unes des autres, plus les maladies peuvent se transmettre facilement d'une ruche à l'autre.

VARROA - VARROA DESTRUCTOR

Le parasite le plus répandu chez les abeilles est le varroa (Varroa destructor), qui s'est fortement développé au cours des vingt dernières années. Aujourd'hui, il n'y a pratiquement plus une seule colonie qui ne soit pas infestée par le varroa. Le but du traitement est donc de limiter l'infestation de manière à ce qu'elle n'affecte pas les abeilles et ne constitue pas un danger pour la survie de la colonie.

Concept de traitement intégré en trois parties
Le concept de traitement intégré a été développé et testé par des instituts apicoles et constitue un traitement efficace. Il a été développé pour le traitement des colonies de production, de sorte que l'on a veillé à ne pas compromettre la qualité du miel. Celui-ci doit être absolument exempt de résidus. Seuls des acides organiques sont utilisés, qui ne nuisent pas à l'abeille ni au miel, qui ne s'accumulent pas dans l'organisme et qui sont entièrement dégradés. Cela est possible grâce à l'utilisation de sub-

stances naturellement présentes dans l'abeille. L'utilisation des acides après la récolte du miel garantit la liberté du miel.

Étant donné que le miel n'est pas encore récolté à partir des essaims, vous pouvez déterminer le moment du traitement uniquement en fonction de la situation d'infestation. On utilise généralement de l'acide formique ou de l'acide lactique. En cas de doute, demandez conseil à votre parrain apicole, car le traitement contre la varroase doit toujours être adapté à chaque colonie.

Pour savoir si votre traitement a fonctionné, effectuez toujours un contrôle des résultats. Le moyen le plus simple de le faire est d'examiner les déchets. Pour cela, vous déterminez la mortalité naturelle des acariens par jour avant le traitement. Ensuite, vous traitez et déterminez la mortalité des acariens par la substance active pendant le traitement. Quelque temps après le traitement, vous déterminez à nouveau la mortalité naturelle des acariens par jour. Idéalement, vous ne devriez plus trouver un seul acarien à ce moment-là. Votre colonie est exempte d'acariens, jusqu'à la réinfection.

La première étape du concept consiste à couper le couvain de faux-bourdons au printemps. La deuxième partie consiste à traiter le couvain avec de l'acide formique au milieu de l'été et en automne. La troisième partie consiste à traiter les ouvrières en hiver avec de l'acide oxalique.

1. couper le couvain des faux-bourdons

Les faux bourdons ont besoin de 13 jours pour se métamorphoser, ce qui est en moyenne deux jours de plus que les ouvrières. L'acarien Varroa connaît cette différence et s'attaque de préférence aux rayons de faux-bourdons, car plus d'acariens peuvent s'y développer. Vous pouvez tirer parti de ce fait. Accrochez des cadres de bourdons dans votre ruche. Un cadre à faux-bourdons est un cadre non câblé dans lequel les abeilles créent des cellules de faux-bourdons à l'état sauvage. Les parois centrales que vous imposez normalement dans les cadres sont utilisées par les ouvrières pour créer des alvéoles plus petites pour les ouvrières. Les rayons de bourdons ne sont possibles que dans les cadres sans paroi centrale.

Pour les petites colonies, accrochez les cadres à faux-bourdons d'un côté du nid à couvain, un seul cadre suffit. Pour les colonies de production, accrochez un cadre à bourdons à gauche et à droite du nid à couvain, entre les réserves de miel et le nid à couvain.

Les cadres pour faux bourdons ont généralement une barre en bois au milieu qui divise le cadre horizontalement en une partie supérieure et une partie inférieure. Cela vous permet de couper le couvain par portions. Vous coupez donc toujours le couvain déjà operculé avant l'éclosion du nid. Le couvain non operculé reste dans la ruche pour que les acariens femelles puissent y pondre leurs œufs. Avant l'éclosion des acariens, qui sortent des rayons operculés en même temps que les faux bourdons, ceux-ci sont retirés et congelés pendant 24 heures afin de tuer les acariens en toute sécurité. Vous pouvez jeter de petites quantités de ces déchets avec les ordures ménagères.

2. traitement du couvain avec de l'acide formique

Les abeilles et les acariens ont un métabolisme différent, c'est pourquoi l'utilisation d'une solution d'acide formique à 60% est totalement inoffensive pour les abeilles, mais a un effet destructeur sur les varroas.

Le sujet traité est l'évaporateur Nassenheider. Il existe différents modèles, dont le modèle "Professional" est le plus facile à utiliser et le plus fiable. L'utilisation de l'évaporateur vous garantit la bonne concentration d'acide formique, de sorte que vous ne nuisez pas à vos abeilles par inadvertance.

Le moment approprié pour l'application sur une colonie de production se situe immédiatement après la deuxième récolte de miel, c'est-à-dire la dernière récolte de miel de l'année. L'application est ensuite répétée une seconde fois en septembre. Cette deuxième application doit avoir lieu le plus près possible de la période de repos hivernal, mais toujours lorsque la température extérieure est encore supérieure à 12 degrés Celsius.

L'évaporateur Nassenheider peut être suspendu directement dans le nid à couvain dans un cadre vide. Cependant, il est plus courant de placer un cadre vide et de placer l'évaporateur sur le dessus du cadre. Dans ce cas, veillez à séparer l'espace vide par un grillage ou un filet afin que les abeilles ne soient pas tentées d'y faire de la construction sauvage.

Remplissez l'évaporateur avec 200 millilitres d'acide formique à 60% et insérez une mèche. Sur le cadre supérieur, placez un morceau de film plastique et un non-tissé. Placez l'évaporateur sur le non-tissé. La mèche doit être en contact avec l'étoffe, de sorte que l'étoffe soit lentement humidifiée avec l'acide formique. Environ 20 ml d'acide s'évaporent ainsi chaque jour. La durée d'utilisation est d'au moins 10 jours. Contrôlez l'évaporateur après 5 à 6 jours et ajoutez de l'acide formique si nécessaire. Si plus de 30 ml s'évaporent chaque jour, remplacez la mèche par une plus petite afin de réduire la quantité.

3. traitement des ouvrières à l'acide oxalique

En hiver, il n'est pas possible de faire évaporer l'acide formique, mais il n'est pas non plus possible de sortir les rayons pour pulvériser de l'acide lactique en raison des températures extérieures. Cependant, en cas d'hiver doux, la période entre le dernier traitement à l'acide formique et le printemps offre des conditions parfaites pour les acariens, car les abeilles continuent à avoir du couvain dans la colonie. Il est donc nécessaire de réduire encore une fois la pression d'infection en hiver et de traiter votre colonie avec de l'acide oxalique.

Cela n'est possible qu'au moment où la colonie n'a plus de couvain. Pour le traitement, préparez une solution d'acide oxalique sucrée juste avant. Pour cela, utilisez de l'acide oxalique dihydraté à 3,5% et ajoutez du sucre juste avant l'application. Il est très important d'ajouter le sucre juste avant, car une solution prête à l'emploi peut former du HMF (hydroxyméthylfurfural) en cas de stockage prolongé, ce qui est dangereux pour la santé des abeilles.

Versez ensuite la solution sur les abeilles qui se trouvent dans la partie supérieure de l'allée en nid d'abeille. Ainsi, vous n'avez pas besoin de sortir les rayons et vos abeilles ne risquent pas de tomber en hypothermie. En se nettoyant mutuellement, les abeilles se débarrassent du liquide collant, ce qui permet à l'acide oxalique de se répandre dans toute la colonie et d'agir contre les acariens Varroa.

Traiter les rejets avec de l'acide lactique

Vous pouvez traiter les petites colonies contre la varroase avec de l'acide lactique. L'acide lactique ne peut être pleinement efficace que dans les colonies sans couvain actif, car l'acidification par l'acide lactique n'agit que sur les abeilles adultes, pas sur les larves.

Utilisez une solution d'acide lactique à 15% dans de l'eau. Retirez chaque rayon de la ruche, vaporisez des deux côtés jusqu'à ce que toutes les abeilles soient complètement mouillées et remettez-les dans la ruche. Répétez le traitement plusieurs fois après quelques jours.

Comme les colonies de production sont utilisées pour l'extraction du miel, vous ne pouvez les traiter à l'acide lactique qu'après la dernière récolte de miel. Comme il y a toujours du couvain actif dans la colonie, cela réduit l'efficacité du traitement. En hiver, lorsqu'il n'y a pas de couvain, la température extérieure est décidément trop froide. Comme il n'y a pas de récolte de miel dans les ruches, vous pouvez répéter le traitement plusieurs fois pour réduire la pression des acariens. L'absence d'acariens n'est pas possible, car la colonie présente également du couvain actif.

Vous pouvez traiter les essaims ou les essaims artificiels avec de l'acide lactique avant qu'ils ne commencent à couver. Dans ce cas, il n'y a pas encore de couvain actif, le traitement est donc suffisamment efficace. Vous devez cependant choisir le bon moment. Si vous ouvrez la ruche avant que l'essaim n'ait formé des rayons, il repartira. Si vous traitez trop tard, les rayons auront déjà été inséminés et les premières larves auront éclos.

LA LOQUE AMÉRICAINE

L'AFB est une maladie des abeilles à déclaration obligatoire. Cela signifie que si vous constatez une infestation de votre propre colonie, vous devez le signaler à l'office vétérinaire compétent.

L'AFB est causée par les spores de la bactérie Paenibacillus larvae. Les spores infectent les larves d'abeilles et se multiplient dans leur tube digestif, entraînant finalement la mort de la larve. Les abeilles adultes ne sont pas sensibles à la maladie. Cependant, il ne faut pas sous-estimer l'AFB, car une colonie peut très bien mourir si trop de larves sont victimes de l'AFB.

Pour lutter contre la loque américaine et la détecter, adressez-vous à votre parrain apicole ou à un vétérinaire spécialisé dans les abeilles. Vos interlocuteurs discuteront avec vous de la procédure exacte à suivre et établiront un plan de surveillance personnalisé pour vos colonies.

Le miel

Le miel - c'est peut-être pour cela que vous faites tout cela. Acquérir des abeilles, un équipement d'apiculture, apprendre le métier d'apiculteur - tout cela pour le miel ! Afin de ne pas dépasser le cadre de ce livre, l'extraction du miel ne sera abordée que dans la mesure où vous pouvez l'attendre en tant que débutant et consommateur personnel. Si vous souhaitez vendre du miel à titre professionnel, vous devez vous adresser à votre parrain apiculteur et à l'association d'apiculteurs pour obtenir un certificat de compétence approprié, car vous tomberez alors sous le coup du Code des denrées alimentaires.

MIEL - QU'EST-CE QUE C'EST EXACTEMENT ?

L'ordonnance sur le miel définit le miel comme suit :

"Le miel est la substance naturellement sucrée produite par les abeilles mellifères qui butinent le nectar des plantes ou les sécrétions de parties vivantes des plantes ou les excrétions d'insectes suceurs de plantes présentes sur les parties vivantes des plantes, les transforment en les combinant avec leurs propres substances spécifiques, les stockent, les déshydratent et les stockent dans les rayons de la ruche pour les faire mûrir". Citation tirée de l'ordonnance sur le miel (HonigV), annexe 1, section I.

Le miel est donc toujours récolté par l'abeille mellifère. Le processus de maturation du miel commence déjà dans la bulle de miel grâce à l'ajout d'enzymes. Dans la ruche, le miel non mûr est stocké et déplacé plusieurs fois, en extrayant à chaque fois de l'eau. Le miel est ainsi épaissi et conservé jusqu'à ce qu'il soit prêt à être récolté par l'apiculteur.

Ingrédients du miel

80 à 85 % du miel est composé de sucre. Presque toutes les molécules de sucre se présentent sous forme de sucres simples (monosaccharides). La majeure partie restante est de l'eau. Les autres composants ne représentent que 2 à 3 %.

La proportion de sucre est également appelée spectre de sucre et varie en fonction de la miellée apportée. Le nectar contient trois sucres différents : le sucre de canne (saccharose), le sucre de fruit (fructose) et le glucose. Le sucre de canne ingéré est décomposé en fructose et en glucose dès le début par les enzymes ajoutées dans la bulle de miel. Le rapport entre le fructose et le glucose caractérise le miel et, en fonction de ce rapport, il est possible de déterminer des miels de fleurs spécifiques. La consistance du miel dépend également de ce rapport.

Le miel de miellat peut contenir jusqu'à vingt types de sucres différents. Outre le fructose et le glucose, il peut contenir différents sucres doubles et triples, tels que le maltose, le raffinose, l'isomaltose, le méléziose, l'erlose et le turanose.

La teneur en eau du miel ne doit pas dépasser 20 % selon l'ordonnance sur le miel et 18 % selon la Fédération allemande des apiculteurs. La faible teneur en eau assure la stabilité du miel. Un excès d'eau fait que le miel s'altère rapidement.

Les 2 à 3 % restants sont constitués de divers acides aminés, protéines et minéraux, ainsi que de substances végétales secondaires. Dans les miels non filtrés, des traces de pollen et de cire peuvent être ajoutées. Bien que le pourcentage soit si faible, ces ingrédients peuvent influencer la couleur et l'arôme du miel.

Types de miel

L'ordonnance sur le miel prescrit différents termes pour désigner les miels en fonction de leur extraction. Ne confondez pas ce terme avec les désignations type de miel/miel de variété.

• **Miel centrifugé** : ce type de miel est obtenu par l'extraction des rayons. De nos jours, c'est le mode d'extraction du miel le plus répandu.

• **Miel pressé** : les morceaux de rayons sont enveloppés dans des toiles à mailles fines et placés dans une presse. Le miel s'égoutte par le bas du pressoir.

• **Miel en rayon** : ce miel est extrait du rayon de miel naturel. Il doit être exempt de couvain. Le morceau de rayon est alors placé dans le pot et vendu avec le miel liquide.

• **Miel de goutte à goutte** : les rayons sont operculés et placés de manière à ce que le miel puisse s'écouler.

• **Miel de boulangerie/miel de cuisine** : ce miel est de qualité plutôt médiocre et ne doit pas être consommé cru. Il ne peut être utilisé comme aliment qu'après avoir été chauffé.

Miels de variétés et miels de variétés - Quelle est la différence ?

Si vous indiquez un type de miel, vous le faites sans spécifier une seule source de miellée. Vous pouvez par exemple choisir "miel de printemps" ou "miel de fleurs d'été" comme désignation. Le "miel de miellat" est également ment une désignation de type de miel. Bien entendu, le pot doit contenir ce qui est indiqué sur le devant. Cela permet de protéger les consommateurs.

Vous pouvez qualifier de miel de variété un miel qui provient principalement d'une seule miellée. Plus de 60 % du miel doit provenir de la miellée de masse, ce qui vous permet d'appeler votre miel "miel de colza". En effet, ce n'est pas parce qu'un champ de colza est en fleur à côté que vos abeilles l'utilisent comme source de miellée.

Source de miel - nectar

La plante produit du nectar pour attirer les insectes. Le nectar sert alors à nourrir l'insecte qui, en visitant la plante, prélève également du pollen et le transporte de fleur en fleur, assurant ainsi la reproduction de la plante.

La production de nectar varie au cours de la journée en fonction de l'espèce de la plante. Il existe également une quantité maximale de nectar par jour, de sorte qu'une fleur peut être littéralement vidée de son nectar si elle a été visitée par de nombreuses abeilles. Par temps chaud, le nectar est un peu plus concentré, et s'il y a beaucoup d'eau, sa consistance est plus liquide. Cependant, la quantité de sucre est toujours la même par rapport à la quantité totale de nectar par jour.

Certaines plantes ont des nectaires extrafloraux, c'est-à-dire des sites de collecte du nectar situés à l'extérieur de la fleur. Mais les abeilles ne s'y rendent pratiquement jamais.

Source de miel - miellat

Le miellat est sécrété par les insectes qui sucent la sève des plantes. En Allemagne, il s'agit principalement des pucerons et des cochenilles. Les sources de miellat sont principalement les arbres et les arbustes, moins les herbes et les plantes vivaces infestées.

Les poux sucent la sève de la plante (appelée phloème) pour absorber les acides aminés dont ils ont besoin pour vivre. Mais comme ces derniers sont présents en très faible concentration dans le phloème, les poux doivent en sucer une grande quantité. Pour éviter d'éclater sous l'eau, ils libèrent continuellement de petites gouttelettes de miellat, qui contient non seulement de l'eau mais aussi beaucoup de sucre.

Collecte de pollen

Le pollen est une source de protéines pour les abeilles, dont elles ont besoin en grande quantité, surtout au printemps. Les abeilles possèdent une brosse et un peigne à l'intérieur de la paire de pattes arrière. Avec ces ustensiles, elles s'essuient de l'avant à l'arrière après avoir visité une fleur et s'en servent pour peigner le pollen qui est resté accroché à leur pelage de poils. Une fois la fourrure débarrassée du pollen, celui-ci est stocké dans les corbeilles à pollen situées à l'extérieur des pattes arrière. Ce processus ne peut se faire qu'en vol, car l'abeille a besoin de toutes ses pattes pour cela, et l'empilage dans les corbeilles se fait toujours en croix. Le matériel collecté par la gauche est donc placé dans le panier droit.

Le processus de collecte et de stockage du pollen est appelé "butinage" dans le jargon apicole.

PLANTES MELLIFÈRES

Les plantes qui conviennent à la récolte par les abeilles mellifères ne doivent pas avoir de calices profonds, car la trompe de l'abeille n'est pas aussi longue que celle du bourdon ou du papillon. C'est pourquoi les abeilles ne butinent que les fleurs dont le réceptacle est facilement accessible ou dont l'entonnoir floral est proportionnellement plus court.

Vous connaissez maintenant le concept de la mosaïque. A l'opposé, il y a la miellée de lobes, dans laquelle aucune espèce végétale ne domine. La miellée est composée de nombreuses fleurs différentes qui assurent l'approvisionnement des abeilles entre les miellées et qui sont donc d'une grande importance pour vos colonies. Nous vous présentons ci-dessous quelques plantes locales qui ont une importance particulière pour les abeilles. Si vous avez la chance de participer à une dégustation de miel, ne manquez pas de le faire. Il est surprenant de constater à quel point le goût d'un miel de variété permet de reconnaître la source de la miellée.

• **Noisette** : Corylus avellana ; au printemps, une des sources de pollen les plus importantes. Sert à la culture.

• **Saule** : Salix ; sert à la formation de la miellée, fournit du pollen et du nectar. Il n'existe pas de miel de saule pur, car cette miellée est rapidement dévorée par la colonie.

• **Arbres fruitiers** : pommier, cerisier, prunier ; possible dans les régions de production fruitière en tant que récolte de masse fournissant un miel monovariétal, appelé "miel de fleurs de fruits". Considéré comme un miel de variété, même si plusieurs espèces de fleurs ont été enregistrées. Arôme : subtilement floral ; couleur : blanche à délicatement jaunâtre ; consistance : crémeuse.

• **Colza** : Brassica napus ; fournit une bonne récolte de masse dans les zones de culture. Bonne source de pollen. Le miel de colza est classé parmi les miels de fleurs. Couleur : clair à blanc pur ; arôme : doux, sucré ; consistance : ferme et crémeuse

• **Pissenlit** : Taraxacum officinale ; offre une grande

quantité de pollen et de nectar pour la miellée. Le miel de pissenlit monovariétal est possible selon les régions. Arôme : fort et intense, parfois piquant-pénétrant ; couleur : jaune doré ; consistance : visqueuse-épaisse au début, peut se cristalliser.

• **Robinier** : Robinia pseudoacacia ; comble une éventuelle lacune de miellée entre le colza et la floraison du tilleul. Dans les zones urbaines, une miellée de masse et un miel monovariétal sont possibles, souvent appelé miel d'acacia. Couleur : jaune aqueux, parfois avec des reflets verts ; arôme : fin, doux, très sucré ; consistance : très liquide (le fructose l'emporte sur le glucose, ce qui explique que le miel reste liquide).

• **Tilleul** : Tilia ; excellent fournisseur de pollen et de nectar, surtout dans les zones urbaines. Fournissent un abondant miellat grâce au puceron du tilleul. Miel de tilleul", mélange de miel de nectar et de miellat. Miel de variété "Miel de tilleul" comme miel de nectar pur. Couleur : blanchâtre, vert-blanc à jaunâtre pour le miel de tilleul. Couleur du miel de tilleul : jaunâtre à brun foncé. Odeur aromatique forte de menthe (menthol).

• **Trèfle** : Trifolium ; possible en tant que récolte de masse dans les régions où le trèfle est cultivé comme plante fourragère. Fournit une grande quantité de nectar et de pollen. Les abeilles ne butinent pas le trèfle rouge dans les prairies, car leur trompe est trop courte. D'autres espèces de trèfle comme le trèfle blanc, le trèfle incarnat, le mélilot et le lotier corniculé sont utilisées comme miellée. Miel de variété "miel de trèfle" possible. Couleur : clair à blanc-jaune ; arôme : floral, doux ; consistance : ferme-crémeuse

• **Bruyère** : Calluna vulgaris ; dans les zones de bruyère, la bruyère à balais forme une miellée massive en août et septembre. Miel de variété "miel de bruyère". Couleur : ambrée ; arôme : épicé, âpre, légèrement acidulé ; consistance : gélifiée avec des cristaux fins et plus grossiers.

MIEL - CE QUE FAIT L'ABEILLE

L'abeille récolte le miel pour deux raisons : la consommation immédiate ou le stockage. Les butineuses apportent le miel à la ruche et le remettent ici aux faiseuses de miel qui décident de ce qu'elles en font en fonction des besoins. Vous savez déjà que la préparation du miel commence directement dans la bulle de miel des butineuses grâce à l'ajout d'enzymes. Lorsque l'abeille arrive à la ruche, elle peut transmettre le miel par trophallaxie (le nourrissement social). Cela se produit surtout lorsque les réserves de nourriture stockées dans la colonie sont faibles.

Lorsqu'il y a plus de réserves de nourriture, les abeilles vident leurs alvéoles de miel dans la couronne de nourriture autour du nid à couvain. Le miel qui y est stocké est destiné à être consommé rapidement, car sa durée de conservation est très limitée en tant que miel non mûr.

Le miel qui n'est pas consommé dans les heures ou la nuit qui suivent est transféré par les butineuses. Elles aspirent le miel immature dans leur alvéole, y ajoutent à nouveau des enzymes digestives et le transportent dans la miellerie. Ce faisant, elles extraient une nouvelle fois l'eau du miel, de sorte que le miel mûr ne contienne plus que 14 à 18 % d'eau. Il peut être nécessaire de transvaser le miel plusieurs fois pour atteindre cette teneur en eau.

L'extraction de l'eau est possible de manière très efficace dans la bulle de miel, grâce à ce que l'on appelle les aquaporines, qui permettent à l'eau de s'écouler directement de la bulle de miel vers l'hémolymphe. Dans la première phase, lorsque les butineuses transportent le miel dans la ruche, les enzymes de décomposition du sucre ajoutées agissent. Celles-ci ont besoin d'eau pour leur travail. Ce n'est qu'au cours de la deuxième phase, lorsque les butineuses transfèrent le miel plus souvent, que l'eau n'est plus nécessaire à l'activité des enzymes et que le sucre est entièrement décomposé. L'eau restante peut alors être extraite efficacement. Ce processus permet de transformer environ 2,7 litres de nectar en un kilo de miel mûr après extraction de l'eau.

Lorsque le processus de maturation du miel est terminé, ce qui prend plusieurs jours, le miel peut être stocké dans les rayons pendant plusieurs mois. Pour cela, le rayon est recouvert de cire et n'est rouvert que lorsque la colonie a besoin de nourriture. Selon sa composition, le miel reste liquide pendant des mois. S'il cristallise, les abeilles doivent le liquéfier à nouveau avant de pouvoir l'utiliser. Pour cela, de l'eau est nécessaire.

MIEL - CE QUE FAIT L'APICULTEUR

En tant qu'apiculteur, vous n'avez plus rien à faire pour la maturation du miel. Le miel est prêt dès que vous retirez les rayons operculés. Vous récoltez, extrayez et emballez.

Extraction des alvéoles

N'utilisez pas trop votre fumoir pour retirer les rayons, car le miel pourrait avoir un goût de fumé. Faites entrer un peu de fumée dans la ruche par le trou d'envol pour que les abeilles se calment, puis commencez à retirer les rayons terminés. Ramenez délicatement les abeilles dans la ruche ou dans un seau si vous prévoyez de prélever plusieurs rayons, et accrochez le rayon sans abeilles dans un récipient de transport. Un support en nid d'abeille n'est pas très pratique pour le transport, car vous devez vous assurer que vos rayons sont exempts d'abeilles et que vous n'emportez pas les petits insectes dans la maison. Un récipient avec couvercle, par exemple en plastique alimentaire, est plus approprié.

Immédiatement après le prélèvement, les rayons commencent à refroidir. Il est donc judicieux de continuer à traiter les rayons directement, car le miel est plus difficile à extraire des rayons refroidis.

Découverte

L'étape suivante se déroule dans la salle d'essorage ou dans votre cuisine. Pour vous faciliter la tâche, chauffez la pièce à 25 degrés minimum afin que les rayons ne refroidissent pas trop vite.

Veillez à une hygiène parfaite de l'équipement et de vous-même ! Vous devez maintenant ouvrir les rayons de miel à l'aide de la fourche à opercules et de l'ustensile d'operculage. Déplacez la fourche de désoperculation le plus à plat possible sur les rayons et séparez les opercules de cire. Glissez ces restes de cire dans un bac afin de pouvoir les faire fondre et les réutiliser ultérieurement. Faites attention à vos doigts lors du désoperculage. La fourche à désoperculer possède de nombreuses dents acérées, ce qui peut provoquer de vilaines blessures.

Travaillez donc toujours dans le sens opposé à votre main. Comme alternative à la fourchette à désoperculer, vous pouvez utiliser un sèche-cheveux à air chaud. Celui-ci fait fondre les opercules délicats en quelques secondes. Ne travaillez les rayons que le temps nécessaire pour éviter que la chaleur ne pénètre plus profondément et n'endommage le miel. Cette méthode ne fonctionne que si vous avez devant vous des rayons qui n'ont jamais été utilisés comme rayons à couvain - ce n'est pas un problème, car il faut de toute façon en tenir compte pour l'extraction hygiénique du miel.

Essorage

Il existe différents types d'essoreuses, électriques ou manuelles. Pour un apiculteur amateur débutant, un essoreur manuel pouvant contenir trois ou quatre rayons est amplement suffisant.

Les extracteurs fonctionnent par force centrifuge et extraient le miel des rayons ouverts. Pour garantir un bon fonctionnement de l'extracteur, vous devez vous assurer que l'extracteur est bien équilibré, c'est-à-dire qu'il contient un nombre suffisant d'alvéoles. Ainsi, une essoreuse pouvant accueillir trois alvéoles doit toujours en contenir trois. Dans une centrifugeuse pour quatre alvéoles, vous travaillez toujours avec quatre alvéoles ou avec deux alvéoles qui se font face dans ce cas.

Les essoreuses tangentielles ne vident que le côté des alvéoles qui est tourné vers l'extérieur. Dans ce cas, commencez donc par un essorage lent pour vider les alvéoles situées à l'extérieur jusqu'à ce qu'il en reste. Retournez ensuite les rayons, en commençant à nouveau par un nombre de tours lent et en augmentant continuellement la vitesse jusqu'à ce que les rayons extérieurs soient essorés. Retournez alors les rayons une seconde fois et essorez complètement la première face.

Pour éviter les ruptures de nid d'abeille, suivez exactement les instructions décrites ci-dessus. Si vous essorez déjà le premier côté à sec à grande vitesse, des forces importantes s'exerceront sur le côté encore plein du nid d'abeilles, ce qui entraînera rapidement une rupture du nid d'abeilles. De même, les fils métalliques qui ne sont pas tendus dans le cadre entraînent une instabilité du nid d'abeilles et la rupture du nid d'abeilles est plus rapide.

Tamisage et égouttage

Immédiatement après l'extraction, faites passer le miel liquide à travers deux tamis afin d'éliminer les particules de cire, de propolis, de pollen et autres impuretés du miel.

Commencez par le tamis grossier et filtrez immédiatement le miel à travers le tamis fin dans le bac de récu-
pération situé sous l'extracteur. Le tamis fin a des mailles
de 0,2 mm.

> **Conseil** : Pendant l'essorage, il peut arriver que le filtre
> grossier se bouche. Surtout si des particules de cire plus
> grosses s'y ajoutent, par exemple en cas de rupture d'un
> rayon de miel. Dans ce cas, vous devez arrêter l'essorage
> et nettoyer d'abord le tamis afin d'éviter tout déborde-
> ment.

Ensuite, faites passer le miel à travers un tissu en nylon.
Ce tissu a une surface de maille d'environ 2 mm² et retient
ainsi les impuretés les plus fines. Pour que le processus de
tamisage et de savonnage reste efficace, veillez à ce que la
température du miel reste comprise entre 25 et 30 degrés,
car un miel trop froid se cristallise rapidement et bouche
les tamis. Tempérez le miel dans ce cas, mais veillez à ne
jamais atteindre une température supérieure à 40 degrés,
sous peine d'endommager le miel par la chaleur.

Écrémage

Une fois le miel filtré et tamisé, il est stocké dans un
grand récipient et brassé une fois à fond pour réunir le
miel de tous les rayons. Fermez ensuite hermétiquement
ce récipient et laissez le miel reposer à température ambi-
ante pendant quelques jours. Pendant ce temps, la clarification a lieu. Les particules de cire les plus fines et les
bulles d'air montent pendant la clarification et s'accu-

mulent en tant que couche supérieure. Comme le miel auparavant trouble devient plus clair au cours de ce processus, on l'appelle clarification. Une fois la clarification terminée, vous pouvez retirer la couche supérieure à l'aide d'une spatule ou d'une louche.

Cristallisation

Une solution de sucre saturée finira tôt ou tard par cristalliser. Cela signifie que les molécules de sucre individuelles se rassemblent en cristaux de sucre qui s'accumulent au fond de la solution. Le rapport entre le glucose et le fructose détermine si et quand un miel cristallise. Le glucose cristallise plus tôt que le fructose. Si votre miel contient plus de glucose, la cristallisation se produira plus tôt, le meilleur exemple étant le miel de colza qui durcit très rapidement. Si votre miel contient plus de fructose, il reste liquide plus longtemps, comme c'est le cas pour le miel de robinier, le miel de tilleul et le miel de miellat.

Remuer

Pour rendre un miel solide crémeux et influencer efficacement sa consistance, vous devez maintenant le remuer. Chaque miel est différent et l'agitation est un art en soi. Il faut de la pratique et de l'expérience pour bien maîtriser l'agitation et obtenir la consistance que vous souhaitez. Ne soyez donc pas déçu si vous n'obtenez pas satisfaction du premier coup.

Les miels liquides, comme le miel de robinier et le miel de miellat, n'ont pas besoin d'être mélangés, ils restent liquides longtemps. Les miels de fleurs issus de la miellée précoce doivent toujours être brassés, sinon ils deviennent parfois si fermes que vous devez les casser dans le pot.

Lorsque vous remuez le miel, vous créez un mouvement à l'intérieur du miel et une friction entre les différents cristaux de glucose. Dans le miel non agité, le glucose se présente sous forme de grands cristaux qui précipitent rapidement (cristallisation) et forment des liaisons dures. Ces grands cristaux de glucose sont brisés et réduits par le processus d'agitation, ce qui donne au miel une consistance crémeuse et lui permet de rester "liquide" ou crémeux pendant longtemps. Pour ce faire, le miel doit être brassé pendant la période de cristallisation. Une fois qu'un miel a durci, il est difficile de le rendre crémeux. Pour savoir à quel moment commencer à brasser votre miel, il faut le regarder. Pour ce faire, remplissez un pot de miel frais immédiatement après l'écumage et placez-le de manière à pouvoir le regarder chaque jour. Si le miel commence à se troubler, c'est un signe certain du début de la cristallisation. Commencez maintenant à remuer (ou à piler) le miel. Remuez votre miel pendant environ 5 à 10 minutes par jour, cinq jours de suite. Cela devrait suffire à créer un miel crémeux.

Agitez suffisamment lentement et régulièrement pour que le miel ne mousse pas, mais en même temps suffisamment rapidement et minutieusement pour qu'il n'y ait pas de coins morts où le miel ne bouge pas. Tout le miel doit être agité. L'agitation elle-même a toujours lieu sous la surface du miel. Entre les épisodes de brassage, conservez votre miel à une température de 10 à 20 degrés.

Inoculation du miel d'été

Il arrive parfois que les miels d'été ne cristallisent que très tard. À ce moment-là, les miels sont généralement déjà conditionnés et il n'est plus possible d'influencer le processus. C'est pourquoi vous pouvez accélérer le processus de cristallisation en inoculant un déclencheur dans le miel.

Ajoutez 3 à 5 % maximum de miel étranger crémeux au miel écumé et commencez à remuer dès que la cristallisation commence. Veillez à ne pas ajouter trop de miel étranger, car vous risqueriez de dénaturer le caractère du miel. Ce n'est pas grave, mais vous perdrez le goût caractéristique des différents types de miel, ce qui fait aussi partie de l'intérêt d'extraire son propre miel.

Si vous préférez un miel d'été liquide, il vous suffit de sauter cette étape.

Remplissage

Le récipient dans lequel vous avez mélangé votre miel est idéalement muni d'un robinet de sortie à sa base, qui vous permet de verser le miel directement dans les pots. Veillez à ce que les pots soient parfaitement propres et que vous ne les ayez pas polis avec un torchon ou autre. Des peluches s'introduisent dans le pot et se retrouvent dans le miel. Au lieu de cela, sortez les pots séchés directement du lave-vaisselle. Vous devriez étiqueter tous vos pots de miel, même si vous ne produisez du miel que pour votre propre consommation. Vous saurez ainsi toujours exactement quand vous avez mis le miel en pot, quelle source de miellée a (probablement) été transférée dans le miel et, par exemple, de quelle colonie d'abeilles votre miel provient.

Si vous produisez pour la vente, vous devez vous conformer aux exigences légales en matière d'étiquetage. Vous pouvez obtenir plus d'informations à ce sujet en obtenant un certificat de compétence professionnelle.

Calendrier apicole : votre check-list complète pour l'année apicole

Dans les chapitres précédents, vous avez déjà appris beaucoup de choses sur les travailleuses qui produisent du miel et avec lesquelles vous souhaitez travailler. Vous avez pu apprendre comment les abeilles se développent au cours de l'année, quels sont les processus par lesquels elles passent en tant que colonie et quelles sont les tâches qui vous incombent en tant qu'apiculteur (débutant). Pour vous aider à y voir un peu plus clair, vous pouvez suivre le plan annuel suivant, qui vous servira d'antisèche pour vous donner une vue d'ensemble de vos activités tout au long de l'année. Demandez également conseil à des apiculteurs expérimentés et/ou à des associations, développez votre intuition et observez surtout votre colonie d'abeilles en vue des tâches qui vous attendent au fil des mois, afin de faire passer l'année à vos abeilles dans les meilleures conditions. Comme le nourrissement hivernal pose les bases de l'année apicole suivante, notre plan commence en août. N'oubliez pas que, contrairement à la durée du jour, les conditions météorologiques des différentes saisons peuvent varier d'une année à l'autre selon les régions. Il se peut donc que vos activités diffèrent légèrement du plan présenté ici. Nous vous invitons à lire parallèlement La colonie d'abeilles au cours de l'année à partir de la page 70 et à tenir compte des facteurs qui y sont décrits.

Août :

- Inspection hebdomadaire de la ruche
- essaimage artificiel
- Traitement de la varroase (avec de l'acide formique)/TBE
- Alimentation hivernale : un mélange de solution sucrée et de nectar est préférable.

Septembre :

- Inspection hebdomadaire des abeilles
- Fin de l'alimentation hivernale : environ 20 kg de réserves doivent être stockés.
- Contrôler à nouveau la présence d'acariens et, le cas échéant, traiter avec des préparations à base d'acide oxalique.
- Transférer les vieilles colonies
- Estimation des réserves de miel
- Installer une protection anti-souris sur le trou d'envol
- Réduire les trous d'envol et enlever les restes de nourriture à l'extérieur de la ruche : protection contre les prédateurs
- Éliminer le nid d'abeilles

Octobre :

• inspection des abeilles toutes les deux semaines (plus de contrôles importants du couvain)

• Vérifier si la quantité de nourriture est suffisante

• Réduire le trou d'envol

• Vérifier l'exactitude de la sagesse de la colonie

• Remplacer la reine si nécessaire

• Traitement de la cire ; fonte des vieux rayons de miel

• Nettoyage et désinfection des anciennes huisseries

• Mélange, inoculation et mise en pot du miel (préparation pour les ventes de Noël)

Novembre :

• Visualisation de routine de l'extérieur

• Adapter l'espace de couvain à la force de la population en vue du printemps prochain

• Veiller à un hivernage tranquille : vérifier la stabilité de la canne, prévenir les perturbations de la surface par les branches, les brindilles, etc. environnantes.

• Contrôle des dommages après des tempêtes et des rafales de vent

• Évaluation des enregistrements annuels : Réfléchir aux mois passés

• Clarifier la cire fondue

• Production de bougies

• Préparation des ventes de Noël/d'Avent

Décembre :

• Dernière ouverture de la ruche : Démoustication résiduelle des allées de rayons avec une solution d'acide oxalique dihydraté, traitement documenté dans le registre de la ruche avec la date, le numéro de la colonie et la quantité (utiliser la solution une seule fois en hiver).
• Contrôles externes
• Moulage de bougies avec de la cire d'abeille véritable
• Préparation aux marchés de Noël

janvier :

• Repos dans la ruche
• Contrôles hebdomadaires des dommages externes de la ruche
• remettre en état les outils et l'équipement, ainsi que les cadres, les ruches, les parois centrales, etc. en les nettoyant et en les réparant
• Obtenir des informations en suivant des cours d'apiculture en ligne, en lisant des livres spécialisés et en assistant à des conférences.
• Se procurer le matériel nécessaire pour l'année apicole à venir

Février :

• Contrôles hebdomadaires des dommages externes de la ruche
• Préparer, réparer ou construire des cadres et des ruches
• Élimination des déchets hivernaux des sols

• Retirez immédiatement les colonies mortes et faites
fondre les rayons.

Mars :

• Observer le trou d'envol : Quand les abeilles sortent-
elles ? La colonie prend-elle déjà soin du couvain ?
• En cas d'arrivée de la chaleur, effectuez avec prudence
les premiers contrôles de l'alimentation et complétez les
stocks si nécessaire.
• Contrôlez systématiquement l'adaptation de la chambre
à couvain : Agrandir le nid à couvain de manière
contrôlée
• Association de peuples sans orphelins ou faibles
• Continuer à éliminer les colonies mortes
• Dans le cas d'un hivernage à deux colonies, retirez les
chambres à couvain inférieures, qui sont maintenant
vides.
• Nettoyage et désinfection des huisseries usagées
• Terminer le reste des cadres et des pièces de la ruche
• Préparer le matériel pour la saison à venir

Avril :

• Au début du mois, vérifiez les réserves de nourriture :
environ cinq à huit kilos doivent être disponibles pour se
protéger d'un éventuel coup de froid.
• Contrôle hebdomadaire des cellules de la reine
• Mettre en place des ruches au milieu ou à la fin du mois
• Milieu ou fin du mois Insérer le cadre de bourdon

Mai :

- Contrôler la colonie d'abeilles chaque semaine
- Lorsque l'essaimage commence, prélever des abeilles pour créer de nouveaux essaims plus petits (écoper)
- Alternative : laisser les abeilles essaimer et capturer les cellules d'essaimage formées
- Découper le cadre du bourdon toutes les deux semaines
- Extension de la miellerie en temps voulu
- Élevage des reines
- Première récolte de miel, également pour éviter l'essaimage

juin :

- Former des rejets : un grand développement de la colonie favorise la multiplication
- Contrôle des cellules de la reine au moins une fois par semaine
- Découper le cadre du bourdon toutes les deux semaines
- Élevage des reines
- Apporter les boîtes de fécondation au centre de fécondation
- Deuxième récolte de miel

juillet :

- Contrôle des cellules de la reine au moins une fois par semaine
- Continuer à appliquer des ventouses

• Préparer la dernière récolte de miel

• Contrôler la charge d'acariens et traiter les parasites

• Vérifier la nourriture et le niveau de couvain des colonies, adapter la quantité d'abeilles en prélevant du couvain

• Créer de nouvelles colonies d'abeilles avec des reines d'élevage

Et maintenant, à la ruche !

Ce livre a pu vous donner un aperçu détaillé de l'apiculture et de l'anatomie, de la physiologie et du comportement des abeilles. Néanmoins, vous n'êtes qu'au début de votre carrière et au début d'une infinité de connaissances que vous pouvez acquérir en tant qu'apiculteur afin de vous améliorer constamment et de pouvoir rendre justice à vos abeilles. Profitez de toutes les offres que votre association d'apiculteurs vous propose : Des formations, des formations continues ou l'accès à la bibliothèque de l'association.

Avoir un parrain apiculteur est une recommandation absolue. Un apiculteur expérimenté à vos côtés peut vous éviter de nombreuses erreurs de débutant et vous assurer ainsi le plaisir et la joie de posséder vos propres abeilles.

Si votre hobby se développe à tel point que vous envisagez de vendre du miel à des fins commerciales, n'oubliez pas que cela relève de la loi sur les denrées alimentaires et que vous devez respecter certaines exigences. Formez-vous et obtenez un certificat d'aptitude ou de compétence. Votre association d'apiculteurs peut vous aider de manière compétente.

Enfin, n'oubliez jamais que l'apiculture doit être un plaisir. Appréciez vos abeilles et travaillez avec curiosité et intérêt. En fin de compte, rien n'est plus beau qu'une colonie d'abeilles saine et vigoureuse - et le miel sera encore meilleur qu'il ne l'est déjà, car vous l'aurez entièrement fabriqué vous-même !

(Avec l'aide de vos abeilles, bien sûr !)

Liste des termes techniques

A

- Ableger : jeune colonie que l'apiculteur a prélevée sur une autre afin d'éviter l'essaimage. Un essaim se compose généralement de plusieurs cadres avec des parois centrales dans une ruche vide, à laquelle sont ajoutés plusieurs rayons de couvain. Les abeilles attachées sont également prises en charge.

- Phéromone d'alarme : cette phéromone est émise par les abeilles sentinelles lorsque la colonie est attaquée. Ainsi, les autres abeilles sont alertées et l'ennemi est marqué par la phéromone.

- Colonie ancienne : une colonie qui a passé l'hiver avec succès pendant au moins un an. Également appelée colonie de production.

- La loque américaine : maladie bactérienne des abeilles causée par *Paenibacilus larvae larvae*. Une épizootie à déclaration obligatoire.

- Les abeilles nourricières : Ouvrières âgées de 4 à 10 jours qui s'occupent du couvain.

- Apis mellifera : le nom scientifique de l'abeille mellifère.

- Ouvrière : type le plus puissant de la colonie d'abeilles en termes de nombre. Femelle, elle accomplit toutes les tâches nécessaires dans la ruche, à l'exception de la ponte (reine) et de l'accouplement (faux-bourdons).

- Mouture de construction : la première miellée de l'année, apportée au printemps, est utilisée pour le développement de la colonie.

B

- Abeille bâtisseuse : ouvrière responsable de la construction des alvéoles. Caractérisée par une glande cirière active sur l'abdomen.

- Les œufs de ponte : La reine pond des œufs, appelés stylos, dans les rayons de couvain préparés. Ce processus s'appelle le fécondation.

- Ruche : l'habitat des abeilles fourni par l'apiculteur. La ruche magasin est la forme la plus répandue.

- Abeille : La colonie d'abeilles dans son ensemble, ainsi que les réserves et la construction des rayons, est appelée abeille. Cela indique clairement que la colonie entière fonctionne comme une unité.

- Pain d'abeille : mélange de pollen, de miel immature et de sécrétions digestives des abeilles, stocké sur le bord de la mangeoire.

- Reine des abeilles : abeille femelle qui est la seule abeille de la colonie à être fertile et à pouvoir pondre des œufs. Assure toute la descendance de la colonie.

- Pastoralisme apicole : somme de toutes les sources de butinage à la disposition des abeilles.

- couvain : la progéniture de la colonie d'abeilles. Il s'agit des œufs, des larves et des nymphes.

- Ruche de couvain : forme de couvain créée par l'apiculteur. Contient du couvain à tous les stades : œufs, larves, nymphes.

- Nid à couvain : noyau de la colonie d'abeilles. C'est là que le couvain est élevé. C'est l'endroit où l'on trouve généralement la reine.

- Incubateur : partie de la ruche où se trouve le nid à couvain.

- Nid à couvain : la partie du nid, ou plusieurs nids dans les colonies plus grandes, que la reine utilise pour pondre ses œufs.

C

- Chitine : polysaccharide de champignons, d'arthropodes et d'insectes. Forme la structure et la stabilité de l'exosquelette.

D

- Bourdon : abeille mâle qui se développe à partir d'un œuf non fécondé. Son seul rôle est de féconder la reine d'une autre colonie. Le faux bourdon meurt au cours de ce processus.

- Cadre pour faux-bourdons : Un cadre préparé pour que les abeilles y élèvent principalement des larves de bourdons.

E

- Insertion : une reine placée dans la colonie par l'apiculteur. Ce processus s'appelle l'initiation.

- Exosquelette : le squelette externe des arthropodes. Opposé au squelette interne des vertébrés. Formé de chitine.

F

- Corps gras : organe comparable au foie. Nécessaire, entre autres, pour synthétiser la cire.

- Trou d'envol : l'ouverture d'entrée et de sortie de la ruche. Est toujours ouvert, à quelques exceptions près, pour permettre aux abeilles d'entrer et de sortir.

- Couronne de nourriture : réserve immédiate de nourriture à proximité immédiate du nid à couvain. Sert à nourrir directement la reine et le couvain.

G

- Gelée royale : également appelée sécrétion des glandes céphaliques, gelée royale. Produite par les abeilles nourricières pour nourrir la reine et la larve qui se transforme en reine. Toutes les larves d'abeilles reçoivent cette gelée royale pendant les 3 ou 4 premiers jours. Ensuite, seule la reine en bénéficie.

- Gemüll : un type de contrôle de la canne où les restes sont examinés sur le plancher pour le diagnostic sanitaire et le contrôle général de la canne.

- Vessie à venin : Située à l'arrière de l'abdomen, elle contient le venin et fait partie de l'appareil à piquants. Se vide lors de la piqûre. Une fois vidée, elle ne se remplit plus de venin. L'appareil venimeux et la vésicule biliaire sont arrachés lors de la piqûre d'un mammifère, à travers sa peau plus épaisse. L'abeille meurt.

H

- Hémolymphe : équivalent du sang chez les insectes. Transporte les nutriments, les hormones, la chaleur et les produits de dégradation.

- Vésicule mellifère : sorte de jabot situé à l'extrémité de l'œsophage. Sert à stocker et à transporter le miel. Le miel contenu dans la vésicule peut être rejeté à l'extérieur par la trompe.

- Miellat : excréments de pucerons des feuilles et des écorces. Mélange de sucre et d'eau.

I

- Imago : insecte adulte.

- Inoculation : sert à initier le processus de cristallisation pour certains types de miel.

J

- Jeune peuple : peuple qui s'est formé au cours de l'année civile en cours.

K

- Kairomones : messagers qui ne sont pas des phéromones. Elles servent à la communication entre différentes espèces. Les kairomones des abeilles sont par exemple captées par les acariens.

- Substance de la reine : sécrétion des glandes amygdaliennes de la reine. Agit comme une phéromone et favorise la cohésion de la colonie.

- Essaimage artificiel : possibilité de former un rejeton de sa propre colonie. L'essaimage est simulé afin de garantir un nouveau départ de la colonie le plus proche possible de la nature. Aucun couvain ni aucun autre rayon de l'ancienne colonie ne sont repris.

L

- Cadre vide : Cadre sans paroi centrale et sans fil. Utilisé par les abeilles comme possibilité de construction naturelle.

M

- Ruche-magasin, en abrégé magasin : se compose d'un fond, d'au moins un cadre et d'un toit. Convient comme abri pour les abeilles. Depuis le haut, chaque rayon peut être retiré individuellement après avoir retiré le toit.

- Paroi centrale : plaque de cire d'abeille fabriquée artificiellement et accrochée aux cadres pour aider les abeilles à construire les rayons.

N

- Cellule de recréation : après la perte d'une reine, la colonie peut élever une nouvelle reine si elle contient des larves de moins de trois jours. Les rayons de larves sont transformés en cellules de recréation.

- Construction naturelle : réalisée par les abeilles dans des cadres vides. Se fait sans paroi centrale prédéfinie. Considérée comme la forme la plus primitive de construction de nids d'abeilles.

- Nectar : liquide sucré des fleurs de la plupart des plantes. Sert à attirer les abeilles qui utilisent le nectar comme nourriture.

O

- Vol d'orientation : les premiers vols que les abeilles effectuent hors de la ruche. Soit après le transfert, soit après l'éclosion, dès que l'abeille de la ruche devient une abeille volante.

P

- Phéromones : substances messagères et attractives émises par les abeilles vers l'extérieur et servant à la communication au sein de la ruche.

- Pollen : également appelé pollen de fleurs. Sert à la reproduction sexuée des plantes, est disséminé par les abeilles en se déplaçant. Collecté par les abeilles comme source de protéines.

- Pain de pollen : voir pain d'abeille

- Propolis : résine de mastic des abeilles. Collectée sur les écailles des bourgeons de certaines espèces d'arbres, notamment le peuplier, le bouleau, l'aulne et le châtaignier. On y ajoute de la salive et de la cire. Sert à isoler la ruche des courants d'air et de l'humidité. A un effet antibactérien.

- Abeille de nettoyage : abeille juste après l'éclosion. Ses tâches se limitent au nettoyage de la ruche, en particulier des rayons de couvain.

Q

- Coassement : les reines prêtes à éclore dans les cellules de la reine émettent ce son pour vérifier s'il y a encore une reine adulte dans la ruche.

R

- Vol de nettoyage : les abeilles ne défèquent pas dans la ruche. Pour se débarrasser de leurs excréments, elles effectuent des vols de nettoyage.

S

- Abeille butineuse : abeille responsable de la collecte du butin. Dernière étape du développement de l'abeille.

- Danse de la queue : forme complexe de communication. Les abeilles informent leurs collègues de la ruche de la qualité et de la quantité de la source de nourriture.

- L'essaimage : L'essaimage, c'est-à-dire la formation d'un essaim d'abeilles, se produit lorsque la colonie devient trop grande pour l'habitat actuel. Une partie de la colonie se déplace et cherche une nouvelle maison.

- Cellule d'essaimage : également appelée cellule de reine. Une cellule de couvain dans laquelle une nouvelle reine est élevée.

- Fumoir : ustensile qui produit de la fumée qui est envoyée dans la ruche pour calmer les abeilles.

- Abeille d'été : abeille née en été, couvée entre mars et août. La durée de survie est d'environ 6 semaines.

- Miel de variété : miel monovariétal issu de la miellée de certaines espèces végétales.

- Abeille de piste : éclaireuses des abeilles. Cherchent de nouvelles sources de butinage ou des habitations pendant l'essaimage.

- Abeille de ruche : toutes les ouvrières pendant les 20 premiers jours de leur vie. Pendant cette période, elles ne quittent pas la ruche.

- Fiche de ruche : la comptabilité de l'apiculture, dans

laquelle est noté tout ce qui concerne la colonie d'abeilles concernée.

- Ciseau à ruche : outil de travail typique de l'apiculture. Petit burin métallique utilisé pour desserrer les cadres et les cadres de la ruche et pour enlever la structure naturelle.

T

- Miellée : ensemble de l'offre de pollen, de nectar et de miellat. La base de l'alimentation de la colonie d'abeilles et la base d'une bonne récolte de miel.

- Manque de miellée : Absence de miellée suffisante pour subvenir aux besoins de la colonie. Souvent dans les zones rurales, lorsque la miellée de masse des cultures agricoles est terminée.

- Trophallaxie : nourrissement social. Les abeilles échangent ainsi le contenu de leur alvéole. Il ne s'agit pas seulement d'un échange de nourriture, mais aussi et surtout de phéromones et d'informations. La substance de la reine est distribuée dans la colonie par la trophallaxie.

U

- Transfert de la colonie : Remplacement de la reine de la colonie. Le transvasement silencieux se produit avec une vieille reine, même sans intervention de l'apiculteur.

V

- Varroa : Varroa destructor : parasite des abeilles que l'on trouve aujourd'hui dans presque toutes les exploitations apicoles.

W

- Le nid d'abeilles : Les nids d'abeilles sont composés de plusieurs alvéoles. Les rayons ont plusieurs fonctions. Ils servent à stocker le miel et à élever le couvain en toute sécurité. Les rayons de miel sont utilisés pour stocker le miel et les rayons de couvain pour élever le couvain.

- Weisel : autre mot pour désigner la reine des abeilles.

- Abeille d'hiver : abeilles couvées entre août et septembre. Elles vivent jusqu'à l'année suivante, en mars/avril, et ont donc une espérance de vie nettement plus longue que les abeilles d'été.

- Colonie de production : voir ancienne colonie

Z

- Cadre : élément de la ruche à cadres. Les cadres avec les rayons sont suspendus dans les cadres.

- Cage d'alimentation : une petite cage pour la reine afin de faciliter l'alimentation d'une nouvelle colonie et d'éviter que la reine ne soit tuée par la colonie.